论中国的技术问题
——宇宙技术初论

The Question Concerning Technology in China
An Essay in Cosmotechnics

许 煜 著

卢睿洋 苏子滢 译

中国美术学院出版社

献给贝尔纳

中文版序

写作此书时，我回看了许多青少年时期的笔记，当时我着迷于宋明理学的宇宙演化论和当代天体物理学。我还记得，在夏日里，我与哥哥每周都去九龙公共图书馆抱回一摞摞物理和形而上学书籍，整天泡在这些难以理解的东西里，当时也真不知道它们有什么用。幸运的是，与我的语文、书法老师赖光朋博士的讨论使我受益良多，他向我介绍了新儒家的哲学家牟宗三的思想——牟宗三是他的博士导师。当我开始研读西方哲学，尤其是当代哲学思想时，我感到绝难将之与我过去所学相融合，而这也让我免于肤浅的、异域格调式的中西比较。2009年，我偶然读到西谷启治和贝尔纳·斯蒂格勒（Bernard Stiegler）论海德格尔的著作，这使我找到了从时间问题的角度去接近不同哲学体系这一进路；近年来，当我读到人类学家菲利浦·德斯寇拉（Philippe Descola）和中国哲学家李三虎的著作时，一个具体的问题开始形成：如果我们承认存在着多元的自然，那么，是否可以思考多元的技术呢？它们不仅仅在功能和美学上有差异，而且有着存有论和宇宙论上的差异。这正是本书的首要问题。我提出"宇宙技术"（cosmotechnics）这个概念，试图打开科技及其历史的问题，由于种种原因，这些问题在20世纪被封闭了。

　　这本书的原意是以中国作为例子来阐释技术多元化的问题，同时提出每个文化都必须发展出自身的宇宙技术思想来反思现代化及技术全球化的命题。故本书先以英文出版，现已有韩文版及日文版，其他欧洲语言的翻译也在进行中。也因为如此，书中的部分内容是针对非中文读者的，所以对某些问题的讨论不得不浅尝辄止，但我仅希望这本书能打开一个窗口来思考一种后欧洲哲学〔我在《递归与偶然》（*Recursivity and Contingency*, 2019）中，将从康德开始来阐述这种可能性〕。中国思想源远流长，唯个人能力有限，书中难免有疏漏或错误之处，唯希望这本书能作抛砖引玉之用。一百多年的现代化所打开的可能性我们都可以目睹，但它所遮蔽的可能性，则需要几代人来重新打开。我要向很多人表示感谢，这里不能一一罗列：罗宾·麦凯（Robin Mackay）和达米安·维尔（Damian Veal）出色的编辑工作和宝贵建议，以及德国吕纳堡大学的埃里希·霍尔（Erich Hörl）教授，中国美术学院的高士明教授、管怀斌教授、张颂仁教授、周净以及视觉中国和跨媒体艺术学院诸同仁对这个项目的支持，还有卢睿洋和苏子滢的翻译。最后，我要感谢贝尔纳·斯蒂格勒，感谢他多年来慷慨的讨论和启发。

许　煜

2016年夏，柏林

修改于2018年夏

本书所讨论的中西思想家时间线

史前 ●
伏羲
女娲
神农
（炎帝 烈山氏）

1600—1046BC 商朝 ●

1046—256BC 周朝 ●
老子（571—471BC）　　　索伦（640—558BC）
孔子（551—479BC）　　　泰勒斯（624—546 BC）
墨子（470—391BC）　　　阿那克西曼德（610—546BC）
庄子（370—287BC）　　　赫拉克利特（535—475BC）
孟子（372—289BC）　　　巴门尼德（515—450BC）
荀子（313—238BC）　　　索福克勒斯（497/6—406/5BC）
　　　　　　　　　　　　苏格拉底（470/469—399BC）
　　　　　　　　　　　　柏拉图（428/427—348/347BC）
　　　　　　　　　　　　亚里士多德（384—322BC）
　　　　　　　　　　　　欧几里得（300BC）

221—206BC 秦朝 ●　阿基米德（287—212BC）
　　　　　　　　　　季蒂昂的芝诺（334—262BC）
　　　　　　　　　　克列安提斯（330—230BC）
　　　　　　　　　　索里的克律西波斯（279—206BC）

206BC—220CE 汉朝

刘安（179—122BC）　　　　西塞罗（106—43 BC）

董仲舒（179—104BC）　　　塞涅卡（1—65 CE）

司马迁（145—90BC）　　　　克罗狄斯·托勒密（100—170）

郑玄（127—200 CE）　　　　马可·奥勒留（121—180）

220—280CE 三国

265—420CE 晋朝　　　亚历山大的帕普斯（290—350）

420—589CE 南北朝

王弼（226—249）　　　　　第欧根尼·拉尔修（3世纪）

郭象（252—312）　　　　　奥古斯丁（354—430）

　　　　　　　　　　　　　波爱修斯（480—524）

581—618 隋朝

618—907 唐朝

韩愈（768—824）

柳宗元（773—819）

弘忍（601—685）

神秀（606—706）

慧能（638—713）

907—960 五代

960—1279 宋朝

960—1127 北宋

1127—1279 南宋

周敦颐（1017—1073）　　　巴斯的阿德拉德（1080—1152）

张载（1020—1077）　　　　托马斯·阿奎那（1225—1274）

程颢（1032—1085）

程颐（1033—1107）

邵雍（1011—1077）

朱熹（1130—1200）

1206—1368 元朝

1368—1644 明朝

王阳明（1472—1529）　　　库萨的尼古拉（1401—1464）

宋应星（1587—1666）　　　巴托洛米奥·赞贝蒂（1473—1543）

　　　　　　　　　　　　尼古拉·哥白尼（1473—1543）

　　　　　　　　　　　　第谷·布拉赫（1546—1601）

　　　　　　　　　　　　伽利略·伽利莱（1564—1642）

　　　　　　　　　　　　约翰内斯·开普勒（1571—1630）

　　　　　　　　　　　　勒内·笛卡尔（1596—1650）

1644—1911 清朝

王夫之（1619—1692）　　　巴鲁赫·斯宾诺莎（1632—1677）

戴震（1724—1777）　　　　艾萨克·牛顿（1642—1727）

段玉裁（1735—1815）　　　戈特弗里德·莱布尼茨（1646—1716）

章学诚（1738—1801）　　　伊曼努尔·康德（1724—1804）

龚自珍（1792—1841）　　　格奥尔格·威廉·弗里德里希·黑格尔

魏源（1795—1856）　　　　（1770—1831）

严复（1894—1921）　　　　弗里德里希·威廉姆·约瑟夫·谢林

康有为（1858—1927）　　　（1775—1854）

谭嗣同（1865—1898）

吴稚晖（1865—1953）

王国维（1877—1927）

1912—1949 中华民国 ●

陈独秀（1879—1942）

熊十力（1885—1968）

张东荪（1886—1973）

张君劢（1887—1968）

丁文江（1887—1936）

胡适（1891—1962）

许地山（1893—1941）

冯友兰（1895—1990）

牟宗三（1909—1995）

张岱年（1909—2004）

于光远（1915—2013）

劳思光（1927—2012）

李泽厚（1930—　　）

余英时（1930—2021）

陈昌曙（1932—2011）

刘述先（1934—2016）

杜维明（1940—　　）

弗里德里希·荷尔德林（1770—1842）

恩斯特·卡普（1808—1896）

弗里德里希·尼采（1844—1900）

埃德蒙德·胡塞尔（1859—1938）

亨利·柏格森（1859—1892）

弗里德里希·德绍尔（1881—1963）

西格蒙德·弗洛伊德（1886—1939）

马丁·海德格尔（1889—1976）

赫伯特·马尔库塞（1898—1979）

安德烈·勒鲁瓦-古汉（1911—1986）

雅克·埃吕尔（1912—1994）

让-皮埃尔·韦尔南（1914—2007）

吉尔伯特·西蒙东（1924—1989）

让-弗朗索瓦·利奥塔（1924—1998）

尤尔根·哈贝马斯（1929—　　）

雅克·德里达（1930—2004）

阿兰·巴丢（1937—　　）

彼得·斯洛特戴克（1947—　　）

贝尔纳·斯蒂格勒（1952—2020）

每当听到现代人诉说孤独之苦，我就知道发生了什么。他们失去了宇宙。

D.H. 劳伦斯（D.H. Lawrence）
《启示录》（*Apocalypse*）

目　录

当共产主义在中国取得胜利，人们可以想象，只有这样科技才能在中国获得"自由"。这个过程究竟会如何？

M. 海德格尔（M. Heidegger）
《全集97卷 备注》（GA97 Anmerkungen I-V）

概论

1949年马丁·海德格尔做了著名的演讲"论技术问题"（原题 3
为"Gestell"，后发表为"Die Frage nach der Technik"）[1]，演讲中
他声称现代科技的本质不是技术性的东西，而是集置（Ge-stell）。
人与世界的关系改变了，一切存在物被简化为可测量、可计算和
可利用的"备用物"或"持留物"（Bestand）。其同辈德国作家
恩斯特·杨格（Ernst Jünger）和奥斯瓦尔德·斯宾格勒（Oswald
Spengler）等已经有所探究，而海德格尔对现代科技的批判开启了
一种新的意识。在他的思想"转向"（die Kehre）（通常认为发生在
1930年）之后，海德格尔的著作，尤其是《论技术问题》，更体现了
从作为生产（poiesis）或带到跟前（Hervorbringen）的技艺（technē）
向作为集置的科技的转变。他认为这是西方形而上学的必然后果，这
一命运要求一种新形式的思考——思考存在的真理问题。

---

1 马丁·海德格尔：《论技术问题》，《技术问题论文集》（*The Question Concern-*
ing Technology and Other Essays），W. 洛维特（W. Lovitt）译（New York and London:
Garland Publishing, 1977），第3–35页。

海德格尔的批判在东方[2]思想家中也不乏倾听者，最显著的是京都学派，以及道家学说对技术理性进行批判。后者将海德格尔的泰然任之（Gelassenheit）等同于道家的经典的概念——无为。这些接受方式是可以理解的。首先，海德格尔对现代科技的力量和威胁的论断似乎被战争、工业化和大众消费主义的灾难所证实。这也导致人们把他的思想解释为某种存在主义式的人道主义，比如萨特（Jean-Paul Sartre）在20世纪中叶所做的。这种解释与快速工业化和科技转型在现代中国引起的异化和焦虑发生了共鸣。其次，海德格尔的沉思中也回荡着斯宾格勒对西方文化衰落的断言，然而海德格尔谈得更加深刻，但这也成了东方思想家肯定"东方"价值的托词。

然而这种肯定导致了对技术与科技问题既模糊又可疑的理解（后殖民理论是否例外尚有争议），而且妨碍了东方在这个主题上产生真正原创的思考。这里暗含一种共识，即人们都接受只有一种类型的技术和科技[3]，并认为技术在人类学层面上是普遍的，且在不同文化中具有相同的功能，因此只能用同一种方式来解释技术。海德格尔也难免顺从这种趋势，把科技与科学理解为"国际性的"，与此相反，思想则是独特的、"在家的"，而非"国际性的"。在最近出版的《黑色笔记》（*Black Notebooks*）里，海德格尔写道：

2　本书中的"东方"通常指东亚，中国、日本、韩国等国家，这些国家受儒家、佛家、道家思想的影响。

3　对"技术（technics）""技艺（technē）""科技（technology）"，我做了区分：技术是各种形式的制作和实践的一般范畴。技艺是希腊的概念，海德格尔把它理解为一种诗意的产出。科技指的是欧洲现代性期间发生的认识论的转变，它的自动化程度日益增长，最终导致了海德格尔所说的集置。

"科学"就像科技和技术学派（Techniken）一样，必定
是国际性的。不存在国际性的思想，只有出自独一根源的普
遍性的思想。然而，如果思想要持续接通它的源头，它便需
要在独特的家园（Heimat）和人民（Volk）中有一个命运般
（geschicklich）的居所，只有这样它才能免于成为民族性的
思想或仅仅是民众（des Volkes）的"表达"；根基性各自的
唯一命运般的（geschicklich）家园（Heimattum）便是扎根
（Verwurzelung），只有扎根才能朝普遍性生长。[4]

这段话需要做进一步分析：首先，在海德格尔自己的思想中，
思想与技术的关系需要澄清（参见第7、8节）；其次，哲学"归
家"表现为对科技的反抗，这里的问题意识需要察验。然而在这段
文字中海德格尔认为技术可以与其文化源泉分离，技术已然是"国际
性的"，所以需要用"思想"来克服它。

同样是在《黑色笔记》中，海德格尔评述了中国的技术发展，
他预见了共产党的胜利[5]，似乎也暗示共产党掌权后的数十年里，中

4　'Wissenschaften'sind, wie die Technik und als Techniken, notwendig international. Ein
internationales Denken gibt es nicht, sondern nur das im Einen Einzigen entspringende uni-
versale Denken. Dieses aber ist, um nahe am Ursprung bleiben zu können, notwendig ein
geschickliches Wohnen in einziger Heimat und einzigem Volk, dergestalt, daß nicht dieses
der völkische Zweck des Denkens und dieses nur 'Ausdruck' des Volkes—; das jeweilig
einzige geschickliche Heimattum der Bodenständigkeit ist die Verwurzelung, die allein das
Wachstum in das Universale gewährt."M. Heidegger, GA 97 Anmerkungen I-V（*Schwarze
Hefte 1942—1948*）（Frankfurt Am Main: Vittorio Klostermann, 2015），第59–60页，
"Denken und Dichten"。

5　GA 97写于1942年至1948年间。

国将无法处理科技问题：

6
　　当共产主义在中国取得胜利，人们可以想象，只有这样科技才能在中国获得"自由"。这个过程究竟会如何？[6]

　　这里说的科技获得"自由"，除了指苦于无力反思、转变科技别无他解。的确，东方由于缺乏对科技问题的反思，无法产生任何源于自身文化的真正的批判，这是思想与科技分离的典型症状，与海德格尔在20世纪40年代所描述欧洲的情况类似。海德格尔对技术历史的分析根本上是西方式的，如果中国在处理这一问题时仍然依赖海德格尔的分析，那么我们将陷入僵局——不幸得是这便是今天的状况。现代化之前，对于非欧洲的文明来说什么是技术问题？它与现代化之前西方所面对的是同一个问题吗？是希腊的技艺问题吗？再者，如果海德格尔可以从西方形而上学的存在之被遗忘（Seinsvergessenheit）中重提存在问题，如果贝尔纳·斯蒂格勒在今天能从西方哲学长久以来的对技术的遗忘（oubli de la technique）中重提时间问题，那么非欧洲文明的志向何在？如果这些问题亦尚未被提出，那么中国的技术哲学（Philosophy of Technology）就将继续全盘依靠德国哲学家，如海德格尔、恩斯特·卡普（Ernst Kapp）、弗里德里希·德绍尔（Friedrich Dessauer）、赫伯特·马

6　"Wenn der Kommunismus in China an die Herrschaft kommen sollte, steht zu vermuten, daß erst auf diesem Wege China für die Technik ››frei‹‹ wird. Was liegt in diesem Vorgang？" M. Heidegger, GA 97 Anmerkungen I-V（*Schwarze Hefte 1942—1948*）（Frankfurt Am Main: Vittorio Klostermann, 2015），第441页。

尔库塞（Herbert Marcuse）和哈贝马斯（Jürgen Habermas），美
国思想家，如卡尔·米切姆（Carl Mitcham）、唐·伊德（Don
Ihde）和阿尔伯特·伯格曼（Albert Borgmann），法国思想家，
如雅克·埃吕尔（Jacques Ellul）、吉尔伯特·西蒙东（Gilbert
Simondon）和贝尔纳·斯蒂格勒。中国技术哲学似乎进退两难。

　　我相信，出于历史与政治的考虑，想象并发展一种中国技术
哲学是当务之急。为了响应毛泽东在1957年提出"超英赶美"的
口号，中国在20世纪实现了现代化。今天的中国似乎处在转折点，
现代化水平已然达到一个新的阶段，但与此同时又弥漫着一种认为
中国无法继续这种"超英赶美式"现代化情绪。最近几十年的巨大
加速已然在文化、环境、社会和政治方面造成了各种形式的影响。
地质学家告诉我们，如今我们处于一个新的地质时期：人类世。人
类世大概于18世纪和工业革命一起开始，要在人类世幸存，就必须
反思并转变我们从现代承袭来的各种实践，以克服现代性本身。重
建中国技术问题也与这一任务相关，意在揭示出技术的概念是复数
的，通过重新打开一段多元的全球史，为现代化规程提供解毒剂。
本书意在回应海德格尔的技术概念，同时描绘一条建构真正的中国
技术哲学的可能道路。

§1普罗米修斯的生成

　　中国有技术思想吗？乍看之下这个问题很容易回答，什么文
化能没有技术呢？如果我们把这个概念理解为制作人造物的技能，
那么技术的确在中国已经存在了许多世纪。但要充分地回答这个问

题，就需要对技术问题的要害有更深的理解。

在人类作为工匠人（homo faber）的进化过程里，双手解放的时刻也是制造之实践的系统化与传承的开始。这些实践最初源于生火、打猎、建造居所等生存需求。随后，某些技能越发纯熟，生存条件得以改善，更加繁复的技术就发展起来了。如法国人类学家、古生物学家安德烈·勒鲁瓦-古汉（André Leroi-Gourhan）所言，在双手解放之时，通过器官与记忆的外化、代具的内化，漫长的进化历史展开了。[7] 如今在这个普遍的技术倾向（technical tendency）中，我们看到了不同文化里人造物的多样化。这些多样化由种种文化特殊性引起，反过来也强化了它，就像一种反馈回路。勒鲁瓦-古汉将这些特殊性称为"技术事实（technical facts）"[8]。技术倾向是必然的，但技术事实是偶然的，如勒鲁瓦-古汉所述，技术事实源于"技术倾向与环境中成千上万的巧合的遭遇"[9]。轮子的发明是一种技术倾向，但轮子是否有辐条则是一种技术事实。制造之科学的早期阶段被技术倾向所主导，这意味着发明原始的轮子、使用燧石等人类行为体现的都是自然效能的优化，只有在文化的特殊性和技术事实中，人类行为的差异方显。[10]

---

7 安德烈·勒鲁瓦-古汉：《姿势与语言》（Gesture and Speech）（Cambridge, MA and London: MIT Press, 1933）。

8 安德烈·勒鲁瓦-古汉：《环境与技术》（Milieu et Technique）（Paris:Albin Michel, 1973），第336–340页；《人与物质》（L' homme et la Matière）（Paris:Albin Michel, 1973），第27–35页。

9 安德烈·勒鲁瓦-古汉：《人与物质》，第27页。

10 同上，第27页。

　　勒鲁瓦-古汉区分了技术倾向与技术事实，试图解释不同文化中技术发明的异同。这一解释的出发点是一种对人化（hominisation）过程的普遍理解，这个过程以发明的技术倾向及人类靠技术装置来延伸自身器官为特点。但是这一模型在解释世界各地的技术多样化及不同文化中发明进展的不同步调时，究竟多有效呢？这些维度勒鲁瓦-古汉自己少有论及。正是怀着这些疑问，我希望把宇宙论和形而上学的维度引入相关讨论。

　　我的假设某些读者可能会感到很吃惊：按某些欧洲哲学家对它的定义来说，如今我们理解的这种技术，过去在中国是从未有过的。一个笼统的错误概念让人以为，所有技术都是相同的，所有文化中的技能和人造物都能还原为同一种叫"科技"的东西。的确，技术可以被理解为身体的延伸或记忆的外化，然而在不同的文化中，人们对技术的感知和反思也许并不相同。

　　换言之，作为一般人类行为的技术从南方古猿的时代就已经出现在地球上了，但我们不能就此假定技术的哲学概念是普遍的。这里所说的技术是哲学的主题，哲学的诞生才让它变得可见。作为一个哲学范畴的技术是哲学史的主题，而且是由特殊的追问角度来定义的。本书中我们用"技术哲学"一词所指的东西并不完全是德国的"Technikphilosophie"（技术哲学），这个词与恩斯特·卡普、弗里德里希·德绍尔等名字紧密相关。与此不同，"技术哲学"是与古希腊哲学一同诞生的，它构成了哲学的核心追问之一，如此理解的技术是一个存有论范畴。我将指出，我们对它的追问必须与更大的构型关联起来，与这种文化特有的"宇宙论"关联起来。

　　众所周知，古希腊哲学的诞生体现在泰勒斯与阿那克西曼德等

10

前苏格拉底哲学家思想中，那是一段理性化的进程，标志着神话与哲学逐渐分离。神话是欧洲哲学的源头，也是其不可或缺的组成部分。欧洲哲学把神性自然化并将其整合为对理性（rationality）的一种补充，从而远离神话。一个理性主义者很可能会说，只要求助于神话就是倒退，哲学已经能从自身的神话源头里彻底解放出来了，而我怀疑并没有这样的哲学。我们知道秘索思（mythos）与逻格斯（logos）的对立曾在雅典学院昭然若揭：亚里士多德强烈批判赫西俄德学派的"神学家们"，而此前柏拉图也不遗余力地讨伐神话。在《斐多篇》中（61a），柏拉图借苏格拉底之口说，他不关心秘索思，那是诗人（在《理想国》中被塑造成骗子）的活计。然而让-皮埃尔·韦尔南（Jean-Pierre Vernant）已经指出，柏拉图"在自己的写作中非常重视神话，并用它来表达那些高出或不符合严格哲学语言的东西"。[11]

11

哲学并非盲目的因果必然性的语言，它既能让后者得以言说，又能超越后者。理性与神话间的辩证运动构成了哲学的动力，去除这种动力，剩下的只是实证科学。18世纪末的浪漫主义者和德国观念论主义者已经意识到哲学与神话的问题性的关系。《德国观念论最古老的规程》（"The Oldest System-Programme of German Idealism"）一文中写到，"神话必须变为哲学式的，同时理性的人以及哲学必须变为神话式的，只有这样哲学家们才能有血有肉。

11　让-皮埃尔·韦尔南：《古希腊的神话与社会》（*Myth and Society in Ancient Greece*），J. 洛依德（J. Lloyd）译（New York: Zone Books, 1990），第210–211页。

永恒的统一体支配着我们"。[12] 这份1797年匿名出版的文本可能由图宾根神学院（Tübinger Stift）的荷尔德林、黑格尔和谢林这三位好友所作，或至少和他们三人有关。这一洞见出现在对希腊悲剧的哲学式兴趣复苏之时并非偶然，而这种兴趣也主要体现在这三个好友影响深远的著作中。这意味着，欧洲哲学想要摆脱神话的企图恰恰由神话所决定，神话展露的是这种哲学化的模式的原始形式。去除神话始终与复归神话相伴而行，因为哲学总是受到某个源头的影响，它永远无法与之彻底分离。所以，要追问科技问题的要害，我们就得转向那些关于科技起源的主导神话，它们代代相传，既为西方哲学所排斥，又为之所拓展。把技术当作某种普遍的东西这一错误概念对于理解全球技术的一般状况是个巨大的障碍，尤其不利于理解这一状况对非欧洲文化提出的挑战。缺乏对这个问题的意识，我们就仍然会被现代技术的同质性的生成所淹没，不知所措。

12

　　最近一些著作试图唤回所谓的"普罗米修斯主义"，要让对资本主义的社会批判摆脱对技术的诽谤，转而肯定技术的力量，把我们从现代性的局限与矛盾中解放出来。这一教条常与"加速主义（accelerationism）"[13] 的观念等同或十分接近。假如把这种对科技与资本主义的回应用于全球，仿佛普罗米修斯是一个普遍的文化形

12　《德国唯心主义最古老的规程》，E. 福斯特（E. Förster）译，《欧洲哲学期刊》（*European Journal of Philosophy*），3（1995），第199–200页。

13　参看麦凯（R. Mackay）与A. 阿万尼西（A. Avanessian）编，《加速：加速主义读本》（*Accelerate: The Accelerationist Reader*）（Falmouth and Berlin: Urbanomic/Merve，2011），特别留意雷·布拉西耶（Ray Brassier）的论文《普罗米修斯主义及其批判》（*Prometheanism and its Critics*），第469–487页。

象一样，则会危险的延续一种更加不易觉察的殖民主义。

　　那么，谁是普罗米修斯，普罗米修斯主义又代表什么？[14] 在柏拉图的《普罗泰戈拉篇》中，智者讲述了泰坦普罗米修斯的故事。他被说成是人类的创造者，宙斯命他为所有的动物分配技能。他的弟弟爱比米修斯接手了他的工作，但在所有技能分发一空后，爱比米修斯才发现他忘记发给人类。为了弥补孪生兄弟爱比米修斯的过失，普罗米修斯从神赫菲斯托斯那偷取火来赋予人类。[15] 赫西俄德在《神谱》中讲述的故事版本稍有不同，这位泰坦挑战宙斯的无上权威，在祭品上做了手脚。宙斯降怒，把人类的火与生存手段都藏了起来，为了报复，普罗米修斯便盗取了火。普罗米修斯也受到了宙斯的惩罚：被缚山崖，白天赫菲斯托斯的鹰啄食他的肝脏，夜晚肝脏又再次长出。这个故事在《工作与时日》中继续展开，宙斯恼怒于普罗米修斯的诡计（apatē）或欺骗（dolos），便把恶降到人类头上。这一恶，或欺骗（dolos），便是潘多拉。[16] 潘多拉的名字意思是"她给予一切"，她的形象是双重的：首先，她代表繁殖力，据韦尔南研究，在另一个古代叙述中，她的别名叫安妮斯朵拉

14　根据维拉莫威兹（Ulrich von Wilamowitz-Moellendorff）的说法，普罗米修斯有两个身份。①爱奥尼亚-雅典式的普罗米修斯，是火、陶器、金属器具之神，在普罗米修斯节受人祭拜；②波伊欧-洛克里亚式的普罗米修斯，这位泰坦所受的惩罚是不同世代的神相互冲突这一伟大主题的一部分。参看J-P.韦尔南，《希腊人的神话与思想》（*Myth and Thought among the Greeks*）（New York: Zone Books,2006），第264页。

15　柏拉图：《普罗泰戈拉篇》，S. 拉巴多（S. Lombardo）、K. 贝尔（K. Bell）译，J. M. 库伯（J. M. Cooper）编，《柏拉图全集》（*Complete Works*）（Indianapolis, IN: Hackett, 1997），第320~328页。

16　韦尔南强调，普罗米修斯与宙斯的行为都是欺骗（*dolos*），参看韦尔南《古希腊的神话与社会》（*Myth and Society in Ancient Greece*），第185页。

（Anesidora），是大地女神；[17] 其次，她代表懒散和挥霍，她是一只肚腩（gastēr），"一只贪得无厌的肚腩，吞吃着男人们靠劳动获得的生命（bios）与养料"。[18]

只有在埃斯库罗斯的笔下，普罗米修斯才成为技术之父和手艺大师（didasklos technēs pasēs）[19]，虽然此前他是个把火种藏在芦苇杆里的盗火者。[20] 在普罗米修斯发明技术前，人类是无知无觉的存在者，他们视而不见、听而不闻，活在无序与迷惑中。[21] 在埃斯库罗斯的《被缚的普罗米修斯》里，这位泰坦宣称"终有一死者所拥有的一切技艺都来自普罗米修斯"。这些技艺究竟是什么？要穷尽"技艺"这个词包含的所有潜在含义很困难，但普罗米修斯的这句话值得留意：

14

> 而且，我还为他们发明了数字（arithmon）这一最高智慧。还有组合字母的卓绝技艺：这是他们牢记万事的记忆，是他们的缪斯之母，也是他们的奴婢。[22]

17　韦尔南：《希腊人的神话与思想》（*Myth and Thought among the Greeks*），第266页。

18　韦尔南：《古希腊的神话与社会》，第174页。

19　同上，第271页。

20　同上，第265页。

21　韦尔南：《希腊人的神话与思想》。

22　埃斯库罗斯：《被缚的普罗米修斯》（*Prometheus Bound*），tr. C. 赫林顿（C. Herrington）、J. 斯库利（J. Scully）译（New York: Oxford University Press, 1989），第441–506页；D. 陆奇尼克（D. Roochnik）引用，《论艺术与智慧：柏拉图对技艺的理解》（*Of Art and Wisdom: Plato's Understanding of Techne*）（University Park, PA: Pennsylvania State University Press, 1996），第33页。

当采取一种普遍的普罗米修斯主义时，我们就假定了所有文明都起源于希腊的技艺。但在中国并没有普罗米修斯这个角色，我们看到了关于创造人类和技术起源的其他神话。取而代之的是三位上古帝王，他们是先民的领导者：伏羲、女娲和神农。[23] 女娲是人首蛇身的女神，用黏土造人。[24] 女娲的兄弟伏羲随后成为了她的丈夫，他人首龙身，作八卦——八个基于二进制结构的卦象。许多古典文献描绘了女娲炼五色石补天，以防止洪水和烈焰成灾。[25] 神农的身份很模糊，并常与另外两个名字牵连，炎帝和烈山氏。[26] 神农顾名思义是"神圣的农人"，同时也是火神，死后又化作灶神（炎字由两个火字组成，历史学家们认为，"炎"字很可能源于家庭对火的使用而非太阳崇拜）。[27] 顾名思义，神农也发明了农耕、医药和其他技术，自己曾冒险尝试过上百种植物，以辨别其可食或有毒。女娲之所以需要补天，是因为炎帝的后裔火神祝融与水神共工

---

23 三皇是哪三个人有不同版本；这里取最通用的说法。

24 关于黏土的使用有不同版本：比如根据《淮南子·说林训》，造人不仅是女娲的工作，而是诸神合力："黄帝生阴阳，上骈生耳目，桑林生臂手。此女娲所以七十化也。"J. S. 马约尔（J. S. Major）、S. A. 奎因（S. A. Queen）、A. S. 梅耶（A. S. Meyer）、H. D. 罗斯（H. D. Roth）编译，《淮南子：汉代早期淮南王刘安的治理实践与理论指南》（*The Huainanzi: A Guide to the Theory and Practice of Government in Early Han China, Liu An, King of Huainan*）（New York: Columbia University Press, 2010），17:50。

25 参看《淮南子·览冥篇》。

26 李桂民：《神农氏、烈山氏、炎帝的纠葛与远古传说的认识问题》，《理论学刊》，2012年第3期，第108–112页。

27 同上，第109页。

作战时打破了苍天。[28] 值得注意的是，农业之神和火之神来自不同的神话系统。并且，虽然他们被称为神，但这通常是在他们死后追认的——起初他们只是先民的首领。在希腊神话中，泰坦把火和生存手段赋予人类，使人高于动物，以此来反抗诸神。而在中国神话中既没有这种造反，也没有这种超越的东西被赋予，这些禀赋被归结为古代圣贤的仁爱。

在与韦尔南的对话中，法国汉学家谢和耐（Jacques Gernet）指出，诸神世界与人类世界的截然二分对希腊的理性的发展是必要的，而这一分离在中国并未发生。[29] 希腊式的思想最终还是来到了中国，但为时过晚并没有产生重大影响——中国人已经将"神自然化"。[30] 韦尔南的回答中还指出，对立性词汇是希腊文化的特点：人与神、可见与不可见、永恒的与会死的、持久的与变化的、有力与无力、纯粹与混合、确定与不确定。而中国缺乏这些，他还认为这部分解释了为什么是希腊人发明了悲剧。[31]

我并不想仅仅指出在中国、日本、印度或其他地方存在着不同

17

28　同样地，在中国神话中，关于先有神农还是先有女娲，祝融是神农还是黄帝的后代，有多种解释。在此我们陈述的是最广为人知的版本。

29　韦尔南，《古希腊的神话与社会》，第86页。

30　谢和耐还评论过犹太教与基督教中的上帝与中国文化中的天的区别：前者是牧师式的神，他说道、命令；但中国的天并不说话，"它满足于产生四季，通过季节性的流变而持续影响"。参看 J. 谢和耐，《中国与基督教：作用与反作用》（*Chine et Christianisme:action et réaction*）（Paris:Gallimard,1982），第206页；F. 于连（François Jullien）也引用过此段，《过程或创造：中国文人思想导论》（*Procès ou création. Une introduction à la pensée des lettrés chinois*）（Paris: Éditions du Seuil, 1999），第45页。

31　韦尔南：《希腊人的神话与思想》，第98–100页。

的关于创造和技术的神话这一明显的事实。重点在于，技术在这些
神话中都有不同的起源，其中神、技术、人类和宇宙间的关系也各
有不同。除了人类学还努力讨论不同文化中实践的变化，在其它关
于技术和科技的话语里，这些关系都被忽视了，或者说它们的影响
未被考虑。我提议，只有追溯关于技术性（technicity）[32] 的起源的
不同思考，才能在我们提及不同的"生活形式"时，理解自己所说
的究竟意味着什么，才能理解它与技术之间的不同关系。

　　将技术的概念相对化挑战了当前的人类学规范与历史研究，它
们仍旧只是比较不同文化中、不同时期里技术物的个体或技术系统
［依贝特朗・吉尔（Bertrand Gille）的定义］的进展。[33] 科学的、
技术的思想在宇宙论的条件下得以浮现，这些条件透过人类与其环
境的关系表达出来，而且这些关系永远不是静态的。所以我将这个
技术的概念称为宇宙技术（cosmotechnics）。最典型的中国宇宙技

32　"技术性"一词借自西蒙东，他说技术的发展应该被理解为一种以人类社会的巫
术相（magical phase）为起点，不断分化的谱系。

33　法国科技史学家贝特朗・吉尔（1920—1980）提出，要依据他所说的"技术系
统"来分析科技的历史。在《技术的历史》（*Histoire des techniques*）（Paris: Galli-
mard, 1978）第19页中，吉尔这样定义了"技术系统"："一切技术在不同程度上相
互依赖，它们之间需要一定的连贯性：一切结构、整体和步骤组成的连贯程度不同的
集合，构成了所谓的技术系统"。面临技术革命时，技术系统会发生突变，比如中
世纪时期（12世纪至13世纪）、文艺复兴（15世纪）和工业革命（18世纪）。学者姚
大志和霍格赛留斯（Per Högselius）指责吉尔的分析是西方中心主义的，因为吉尔把
欧洲技术系统当作首要参考，从而忽略了李约瑟（Joseph Needham）的观察，即两千
年前中国的技术似乎比欧洲的发达。关于这场争论，参看《转变对中国技术史的叙
述：在贝特朗・吉尔的〈技术的历史〉中的东方与西方》（*Transforming the Narrative
of the History of Chinese Technology: East and West in Bertrand Gille's Histoire des tech-
niques*），《阿克塔・巴提卡历史与科学哲学》（*Acta Baltica Historiae et Philosophiae
Scientiarum*），3:1（2015年），第7–24页。

术的例子是中医，它所运用的原则和术语与宇宙论中的一致，例如用阴阳、五行、调和等来描述身体。

§2　宇宙、宇宙论与宇宙技术

我可以在此提问勒鲁瓦–古汉对技术事实的分析是否不足以解释不同的技术性？的确，勒鲁瓦–古汉在其著作中出色地记录了技术倾向及技术事实的多样化，记录了技术进化的不同谱系及环境对工具与产品的制造所产生的影响。然而勒鲁瓦–古汉的研究有一个局限（即便这也构成其研究的力度与独特性），这似乎源于他着眼于技术物的个化（individualisation），并以此构建适合于不同文化的技术谱系和技术层级。从这个角度，我们就能理解他为何有意地只根据工具发展的研究解释技术的起源：正如他在《人与物质》初版30年后，在新版的附录中所感慨的，大部分古典民族志的第一章装着力图研究技术，余下部分立即集中讨论社会和宗教。[34] 在勒鲁瓦–古汉的著作中技术成了自律的，即人类、文明、文化的进展只有透过技术之"镜"才能被重新打捞。然而，将技术事实的独特性仅仅归因于"环境"的物质性是难以成立的，我认为这里无法回避宇宙论的问题，同样也无法回避宇宙技术的问题。让我以康德的二律背反形式把这个问题提出来：

19

34　安德烈·勒鲁瓦–古汉，《人与物质》，第315页。

　　1．技术在人类学上是普遍的，因为它是身体功能的延伸、记忆的外化（externalisation），它在不同文化中产生的差异可依实际环境对技术倾向的影响程度来解释。[35]

　　2．技术在人类学上不是普遍的，在不同文化中，技术受到该文化对宇宙论的理解的影响，仅在特定的宇宙论框架下技术才是自律的——技术始终是宇宙技术。

　　求解这一二律背反将是我们的追问的阿里阿德涅之线。

　　在此我先给宇宙技术作一个初步的定义：宇宙秩序和道德秩序通过技术活动而达到的统一。［尽管宇宙秩序（cosmic order）一词本身是同义反复的，因为希腊语的宇宙（kosmos）一词的意思就是秩序］。宇宙技术的概念立即给了我们一个概念工具，可以用它来克服技术和自然间惯常的对立，进而把哲学的任务理解为寻找并肯定两者的有机整体。在概论的余下部分中，我将在20世纪的哲学家吉尔伯特·西蒙东的著作里及当代一些人类学家，尤其是蒂姆·英戈尔德（Tim Ingold）的著作里考察宇宙技术这个概念。

　　在《论技术物的存在模式》（*On the Mode of Existence of Technical Objects*）（1958）第三部分里，西蒙东展开了一种关于技术性的思辨历史的探讨，明确了仅考察物件的技术谱系是不足的；还必须知道它包含"一种思想的、一种在世界中存在的方式

35　安德烈·勒鲁瓦-古汉，《人与物质》，第29-35页。

的有机特征"。[36] 据西蒙东所说，技术性的起源始于一个"巫术"
（magic或魔术）相，在其中我们看到一种先于主体／客体二分的
原始整体。这个相以背景（ground）与图形（figure）的分离与聚
合为特征。西蒙东从格式塔心理学借来这组概念，格式塔心理学
认为图形无法与背景完全分离，背景赋予了形式，同时形式又对背
景有所限制。我们可以把巫术相中的技术性理解为一种诸力量的
场，各种力量依据西蒙东所说的"关键点"（pointes clès）结成网
络（reticulation），例如高山、巨石或古树都可以是"关键点"。
原始的巫术时刻、原初的宇宙技术模式随后分化为技术与宗教后，
两者仍旧保持一种平衡，努力达成统一。技术和宗教都产生了相应
的理论与实践的部分：在宗教中，分别为伦理（理论）和信条（实
践）；在技术中则为科学与科技。但在巫术相这个模式中几乎无法
区分宇宙论与宇宙技术，因为此时宇宙论只有作为日常生活实践的
一部分时才是有意义的。两者仅在现代时期才发生分离，因为科技
研究与宇宙论研究（作为天体物理学）被视为两个不同的领域——
这标志着技术彻底从宇宙论中分离，所有显性的宇宙技术概念都消
失了。然而，说我们的时代没有宇宙技术是错误的，它的确存在：
即菲利浦·德斯寇拉所说的"自然主义"，意思是文化与自然相
互对立，从17世纪起，它成为西方主流的认识论。[37] 根据海德格尔
所述的世界图像（Weltbild）可得知，在这种宇宙技术中，宇宙被

21

36　西蒙东：《论技术物的存在模式》，第213页。

37　P. 德斯寇拉：《超越自然与文化》（*Beyond Nature and Culture*），J. 洛依德译
（Chicago and London: Chicago University Press, 2013），第85页。

视为可开采的备用物。对西蒙东来说，为我们的时代重新发明宇宙技术（尽管他不用这个术语）仍然是可能的。在一个关于机械学（mechanology）的访谈中，西蒙东谈到了电视天线，他优美地描述了这一聚合了现代科技与自然地理的聚合点。据我所知，西蒙东并未深入这一主题，但即便如此，将是我们的任务：

22

> 瞧这根电视天线……它是僵直的，但它也指引着方向；我们看到它指向远方，它能接收到遥远的发射器的信号。对我而言，它更像是一个象征物。它似乎是某种姿势，近乎是意向性的魔力，一种当代的巫术。在这最高点与节点（超频发射器的节点）的相遇之中，有一种人类网络和自然地理之间的"共-自然"（co-naturality）。它包含一种诗意的维度，也是一种与意指有关的维度，是各种意指的相遇。[38]

回溯历史，我们发现西蒙东的观点与列维－施特劳斯（Lévi-Strauss）在《野性的思维》（*The Savage Mind*）（在1962年，西蒙东的著作出版几年后出版）里对巫术与科学所做的区分是不相容的。据列维—施特劳斯所述，巫术或"具体性的科学"（science of the concrete）无法被简化为技术和科学进步的一个阶段或相[39]，而对

38　G. 西蒙东：《关于机械学的访谈》（*Entretien sur la méchanologie*），《综合评论》（*Revue de synthèse*），130:6, no.1（2009），第103–132页。

39　C. 列维－施特劳斯：《野性的思维》（London: Weldenfeld and Nicolson,1966），第13页。

西蒙东来说，巫术相是技术性起源的第一个阶段。据列维—施特劳斯所述，具体性的科学是事件驱动、符号导向的，而科学是结构驱动、概念导向的，因此列维—施特劳斯认为两者是不连续的，但似乎只有在比较非欧洲的神话思想和欧洲的科学思想时，提这种不连续性才是正当的。而西蒙东认为科学、科技的发展中保留了某种与巫术的连续性。值得强调的是西蒙东在《论技术物的存在模式》第三部分中所暗示的东西，正是一种"宇宙技术"。当我们接纳了宇宙技术的概念，不再固执于巫术／神话与科学的对立及从前者到后者的某种进步，则会看到前者——其特点是"用感性的方式，试探地组织、开发可感的世界"[40]——与后者相比并不一定是落后的。

23

最近一些著作指出我们需要切近地思考非西方的文化，因为它们展现出了多元的存有论和宇宙论，指示了走出现代困境的道路。人类学家菲利浦·德斯寇拉和维韦罗斯·德·卡斯特罗（Eduardo Viveiros de Castro）寄希望于观察亚马逊文化，以求解构欧洲的自然／文化二分。哲学家如弗郎索瓦·于连（François Jullien）和边留久（Augustin Berque）同样试图比较欧洲文化和中国、日本的文化，从而描绘出一种无法被简单的图式轻易归类的多元性，并试图重新诠释西方克服现代性的努力。德斯寇拉在其开创性的著作《超越自然与文化》（*Beyond Nature and Culture*）中指出，西方发展起来的自然／文化的二分不仅不是普遍情况，而且是边缘个案。德斯寇拉讲述了四种存有论：自然主义（自然／文化二分）、万物有

40　C. 列维-施特劳斯：《野性的思维》，第16页。

灵主义、图腾主义和类比主义（analogism）。这些存有论对自然的刻画不尽相同，自欧洲现代性以来被视为理所当然的自然／文化二分，在非现代的实践中并不被推崇。[41] 德斯寇拉引用了社会人类学家蒂姆·英戈尔德的研究，后者观察到哲学家们很少会问"是什么使得人这种动物变得特别？"，他们喜欢的典型的自然主义式提问是"是什么让人异于动物?"[42]，德斯寇拉指出这种情况不仅会发生在哲学家身上，民族志学家同样落入了自然主义教条，他们坚持人类存在者是独一无二的，并假设人类通过文化而有别于其他存在者。[43] 我们发现，自然主义是内在不连续，外在连续的；万物有灵主义是内在连续，外在不连续的。[44] 在下表中，我们再勾画一下德斯寇拉的四种存有论定义：

内在相似，外在不相似	万物有灵主义	图腾主义	内在相似，外在相似
内在不相似，外在相似	自然主义	类比主义	内在不相似，外在不相似

这些不同的存有论包含了不同的自然概念及不同的参与形式。的确，如德斯寇拉所述，自然主义中的自然与文化的对立，被其他

41　参见德斯寇拉的《超越自然与文化》，尤其是第三部分。

42　德斯寇拉：《超越自然与文化》，第178页。

43　同上，第180页。

44　同上，第122页。

的"自然"概念所拒绝。德斯寇拉关于自然的叙述同样适用于技术，在德斯寇拉的著作中，技术被抽象为"实践"——这个术语避免了技术与文化的二分。然而将其称为"实践"，可能模糊了技术的角色，这也是为何我们称之为宇宙技术而不说宇宙论。

虽然英戈尔德没有使用类似"宇宙技术"的术语，但他非常清晰地看到了这一点。基于格雷戈里·贝特森（Gregory Bateson）的研究，英戈尔德指出在实践与其所属的环境有某种统一体。这导致他提出一种知觉生态学，[45] 并依据人类存在者与其环境间的情感关系来调解、操作这种生态学。他提供了狩猎－采集社会的一个案例来帮助我们理解他所谓的"知觉生态学"，并告诉我们猎人－采集者对环境的感知深藏在他们的实践中。[46] 英戈尔德说加拿大东北部的克里人这样解释为何驯鹿如此容易被猎捕：这种动物"以善意的精神，甚至是对猎人的爱"[47]自愿地把自己贡献出来。猎手遭遇动物之时，不仅是"射杀与否"的问题，也有一种宇宙论上的、道德上的必然性：

　　在猎人与猎物四目相对的关头，猎人感到动物的存在浸没了他；他感到自己的存在似乎与动物的存在水乳交融——这种

25

45　T. 英戈尔德，《环境的感知：论生计、栖居和技巧》（*The Perception of the Environment: Essays on Livelihood. Dwelling and Skill*）（London: Routledge, 2011），第24页。

46　同上，第10页。

47　同上，第13页。

感觉相当于人和人之间的爱情或者性爱。[48]

英戈尔德援引了汉斯·约纳斯（Hans Jonas）、詹姆斯·吉布森（James Gibson）和莫里斯·梅洛-庞蒂（Maurice Merleau-Ponty），并重新思考了视觉、听觉和触觉等感官。他试图揭示当我们重新考察感官的问题时，有可能重新挪用这种因现代技术逻辑（techno-logical）发展而被彻底忽视的知觉生态学。然而，在这个关于人类和环境的概念里，环境与宇宙论的关系却不明朗。而且以这种分析生物与环境的方式，很容易简化为控制论的反馈模型，就像贝特森所做的。而这样就削弱了宇宙的角色，它是绝对压倒性的、偶然的。

西蒙东对人类存在者与外部世界的关系也有类似的看法，他将其视为图形与背景——这是一个有效的宇宙技术模型，背景被图形所限制，而图形又被背景所加强。并且由于图形与背景的分离，在宗教中背景不再受到图形的限制，不受限的背景被当作神一般的权力；相反，在技术中图形压倒了背景，导致两者关系的颠倒。所以西蒙东给哲学思想提出的任务是：产生一种聚合，再度肯定图形与背景的统一。[49] 这一任务可以理解为寻找宇宙技术。例如，波利尼西亚人不靠任何现代装置就能航行在数以千计的岛屿间，当把他们的航海技术视为一种宇宙技术时，我们就不能只留意于这种高超技

48　T. 英戈尔德，《环境的感知：论生计、栖居和技巧》（*The Perception of the Environment: Essays on Livelihood. Dwelling and Skill*）（London: Routledge, 2011），第25页。

49　西蒙东：《论技术物的存在模式》，第217–218页。

艺，而更应当关注决定了该技艺的图像－背景关系。

通过对比英戈尔德、其他民族志学家及西蒙东的著作，我们看到，触及中国的技术问题，有两条不同的途径。第一条途径是理解宇宙论，它决定了社会、政治生活；而第二条途径重新配置哲学思想，去寻找图形的背景，图形与背景的关系随着现代社会中专业化和分工的加强似乎越来越疏远。在我看来，中国古代的宇宙技术以及贯穿其历史、相伴发展的哲学思想，恰恰都显示出一种统一背景与图形的持续的努力。

27

在中国的宇宙论中，我们看到了异于视觉、听觉和触觉的官能。它被叫作感应，字面含义为"感觉"与"响应"，通常被翻译为"相关性思维"（correlative thinking）。[50] 我倾向于沿用李约瑟（Joseph Needham）的翻译，称之为共鸣（resonance）。它能产生一种"道德情感"，进而产生"道德义务"（在社会与政治的意义上）。而因为天是道德的基础，这就不仅是主体的沉思，更是从天与人的共鸣中浮现的产物。[51] 这种共鸣以天人合一为前提，所以感

50　A. C. 葛瑞汉（A. C. Graham），《阴阳与相关思维的本质》（*Yin-Yang and the Nature of Correlative Thinking*）（Singapore: National University of Singapore, 1986）。

51　关于道德秩序的起源，在亨利·柏格森（Henri Bergson）的著作《道德与宗教的两个来源》（*The Two Sources of Morality and Religion*）[A. 奥德拉（A. Audra）、C. 勃莱尔登（C. Brereton）译（London: Macmillan, 1935）] 中难以找到解释。柏格森区分了两种道德：一种是封闭的道德，它与社会义务、习俗有关。而另一种他称为开放的道德，它与"英雄的召唤（appel du héro）"有关。在后者中，人们并非屈从于压力而是屈从于魅力。柏格森说这两种形式的道德是并存的，两者都不以纯粹的方式存在。进一步考察柏格森的道德概念并且考察它与我试图勾画的中国宇宙技术之间的关联是很有价值的，虽然对我来说，柏格森对道德的理解相当局限于西方传统，尤其是希腊传统。在中国，宇宙是决定一切的角色，所以任何英雄的行动都只能遵照上天。

28　应意味着：①一切存在者是同质的；②部分与部分、部分与整体间
存在一种有机性。[52] 我们能在《周易》系辞下[53] 里看到这种同质性，
古人包牺（伏羲的别名）创造八卦，并通过这些同质性来反映万物的
关联。

> 古者包牺氏之王天下也，仰则观象于天，俯则观法于地，
> 观鸟兽之文与地之宜，近取诸身，远取诸物，于是始作八卦，
> 以通神明之德，以类万物之情。[54]

　　"象""法"和"文"在本质上可理解为天人间的共鸣。它们
隐含了一种中国对科学的态度，（根据如李约瑟等作者们的有机论
解读）这种态度与希腊不同，其规则与法的权威由共鸣赋予，而在
29　希腊法（nōmoi）则与几何紧密相关，韦尔南经常指出这一点。但
这种共鸣是如何被知觉的呢？儒家与道家都设定了一种宇宙论式的
"心"或"思维"（mind）（参看第18节），它能与外部环境（以
《春秋繁露》为例）[55] 以及其他存在者（以《孟子》为例）共鸣。
这种感官促成了一种中国的道德宇宙论或道德形而上学，并在"天

52　黄俊杰：《东亚儒学史的新视野》，台北：台湾大学出版中心，2015年，第267页。

53　根据历史记载，中国曾有三个版本的《易经》，但只有一个版本，即《周易》保留下来并流传开。有七种对《易经》的经典评注，称为《易传》；共有十个文本（包括上下篇）称为"十翼"。

54　《系辞下》，理雅各（J. Legge）译，http://ctext.org/book-of-changes/xi-ci-xia/ens（强调符号为作者添加）。

55　这部著作的作者是重要的汉儒董仲舒（179—104 BC），我们之后会继续讨论他。

人合一"中表现出来。更重要的是在技术的语境下，天人合一也表达为器道合一。对儒家而言，"器"包含了一种对于人与自然的关系的宇宙论意识，它体现在礼仪和宗教仪式中。我们在第一部分中将讨论到：儒家经典《礼记·礼器》篇记载了实现礼所用的技术物的重要性，据此只有恰当运用礼器才能维护道德。

　　第一部分的任务是详述中国的"关系性思维"及器、道之间的动态关系。宇宙技术这个概念能让我们追索不同的技术性，有助于打开技术、神话和宇宙论之间的多元关系，从而接纳源自不同神话与宇宙论中不同的人与技术的关系。普罗米修斯主义只是其中一种，但将其作为普遍性的关系则不全面。我并不提倡任何形式的文化纯粹性，或者所谓的保护文化源头不被污染。技术是不同民族的沟通方式，它直接质疑任何关于绝对本源的概念。在我们的科技时代，它是全球化（同时意味着空间上的聚合与时间上的同步）的驱动力。然而我们必须肯定一种激进的他异性，从而在能在传统形而上学范略的基础上发展出不同的指示性，从而为异质性保留余地，这样才能发展出基于传统形而上学范畴的知识型（epistemes），这一任务的关键在于开启关于地方性的真正问题。知识型一词来自福柯（Michel Foucault），他以此指一种社会和科学的结构，它是一套选择标准，决定着真理话语。[56] 在《词与物》中，福柯引入了一

30

56　M. 福柯：《词与物：人文科学考古学》（ *The Order of Things: An Archeology of the Human Sciences* ）（New York: Vintage Books,1994），XXI："我试图澄清的是知识论领域，在知识型中，知识不是依照关于它的理性价值或者客观形式的标准来构想的，知识的确定性奠定在知识型里，并在其中展现出一段历史，这段历史不是知识完善的历史，而是知识得以可能的条件的历史；在这种思考下，应该显现的是那些在知识的空间中的构型（configurations），正是这些构型产生了经验科学的各种形式。"

31

种历史分期，将西方15世纪以来的知识型分为文艺复兴、古典和现代。后来福柯发现他引入的知识型这一术语导向了死胡同，就又发展了一个更加普遍的概念，即装置（dispositif）。[57] 从知识型转变到装置是向更加内在的批判的策略性转移，福柯可以将其用于更加当代的分析。回顾1977年《性史》（*History of Sexuality*）出版后的访谈，福柯提出要把知识型定义为装置的一种形式，"策略性的装置让人能在所有可能的措辞中选出科学性的领域所接受的那些，对于它们就可以说：这是真的或这是假的"[58]。在此我想大胆地重构知识型的概念：面对现代科技，我们可以基于传统形而上学范畴来重新发明一种装置，从而重新引入一种生活形式，重新激活一种地方性。例如在中国的每个时代的社会、政治和经济危机中，我们都可以观察到这种重新发明，周代（1046—256 BC）的衰亡、佛教进入中国、鸦片战争战败，等等，我们也一定还能在其他文化中找到例子。在这些节点上我们看到知识型被重新发明，并反过来决定了美学、社会和政治生活。"智能城市"、"物联网"、社交网络和巨型自动化系统等数码科技所推动的技术系统正塑造着今天，它导向一种人性与技术间高度量化和控制性的同质关系。因此当下，不同文化主体反思自身的历史与存有论就尤为重要和迫切。只有这样才能接纳数码科技，而非仅仅被它同步到同质的"全球"和"类属"

57　M. 福柯：《福柯的游戏》（《性史》访谈）[*Le jeu de Michel Foucault（Entretien sur l' histoire de la sexualité）*]，《言说与书写3》（*Dits et Écrits III*）（Paris: Gallimard, 1994），第297–329页。

58　同上。

的知识型里。

19世纪中叶的两次鸦片战争是现代中国的决定性时刻，清朝（1644—1911）完败于英军，中国被迫开放并成为西方的准殖民地，同时也激发了中国的现代化。中国人认为缺乏技术力量是这次战败的主要原因，因此迫切需要靠科技进步来快速实现现代化，终结中国与西方势力的不平等。然而中国无法按当时主要改革者所希望的方式吸收西方科技，这在很大程度上源于他们对科技的无知与误解，并持有一种信念。回溯这种信念似乎非常"笛卡儿主义"，认为可以将中国思想思维与科技分开，将后者仅仅理解为工具，而作为背景的前者，却可以不被所引进和应用的科技图形所影响。

与此意愿相悖，科技已然颠覆了任何此类二元论，它自身已经几乎成了背景而不再是图形。鸦片战争之后一个半世纪过去，中国经受了政权更替和各种实验性改革带来的灾难与危机。在此期间出现了很多对科技与现代性问题的反思，但维持思想心智与科技工具二元论的尝试显然失败了。更加严重的是，在最近几十年中，任何这种反思在面对经济、科技的狂飙突进时都显得无力。取而代之的是一种狂喜和夸耀，把这个国家推向未知：突然间它发现自己仿佛置身大海中，看不到任何边界和目的地——尼采在《快乐的科学》（*The Gay Science*）里描绘过这一困境，那仍旧是一幅现代人窘境的深刻画面。[59] 在欧洲，"后现代""后人类"等各种概念被发明出来，用以命名走出这一困境的想象；但不直接处理、面对科技的

32

33

59　F. 尼采：《快乐的科学》，J. 瑙克霍夫（J. Nauckhoff）译（Cambridge: Cambridge University Press. 2001），第119页（§124）。

问题，便无法找到可行的方案。

考虑到以上所有问题，本书意在提出一种对现代科技的全新追问，不再把普罗米修斯主义视为基本假定。本书分为两部分：第一部分意在系统地、历史地考察中国的"技术思想"，与欧洲形成对照。它是一个新的起点，来理解问题的核心，同时反思这一研究的迫切性。第二部分是对现代科技的历史—形而上问题的研究，意在重新澄清科技问题在中国，尤其是在人类世中的模糊状况。

§3　技术断裂与形而上统一

上文已阐述了宇宙技术的概念，在此我们对科技的思考不应仅局限在历史、社会和经济层面；我们需要超越这些层面，重构一个形而上的统一。但"统一"一词并不意味着一种政治的、文化的同一性，而是指实践与理论的统一，更准确地说是一种维系着共同体的一致性的生活形式。在欧洲与非欧洲国家里，生活形式的支离很大程度上是理论与实践的断裂造成的。但在东方，这一断裂不仅表现为一种扰乱，更是海德格尔所描述的一种完全的不连续性，"连根拔起（Entwurzelung）"。现代科技对实践的改造超出了曾经使用的古老范畴。我在第一部分讨论了中国没有与希腊的技艺（technē）和自然（physis）对等的范畴，因此在中国，科技的力量拆散了实践与理论的形而上的统一，而其造成的断裂仍有待弥合。当然这种状况并非仅仅发生在东方，如海德格尔所述，西方出现的"科技"范畴不再与技艺具有相同的本质。关于技术的问题最终变成了着手存在问题（Seinsfrage）的动力——进而要创造一种新的思，或更具体地说，创造一种新的宇宙技术。[60] 在我们的时代，这种统一或无异（indifference）不再表现为寻找基础，它自身同时展现为一种原始的根基（Urgrund）和无根基（Ungrund）：因为它向他异性开放，所以是无根基；因为它抵抗同化，所以又是作为基础的根基。因此根基与无根基应该被理解为一种统一，就像存在与虚无一样。如黑格尔在讨论谢林与费希特的论文中所坚持的，寻求统一正是哲学的目的（telos）。[61]

解答中国的科技问题并非必须给出一段翔实的关于科技的经济、社会发展史，一些历史学家和汉学家，如李约瑟，已经以多种方式出色地完成了这项工作，我们要描述的是器、道关系的转变。Technics和technology通常被译作技术与科技。第一个词的意思是"技术"或"技巧"，第二个词是两个字的合成词，科的意思是"科学"，技的意思是"技术"或"应用科学"。问题不在于翻译是否足以传达西文的含义（请留意，这两个翻译是晚近才出现的），而是翻译是否造成了一种幻觉，似乎西方的技术在中国传统中有对等物。这些中文新词热切地表达了"我们同样拥有这些词语"，却模糊了关于技术的真正的问题。所以，我提出不再依靠这

35

60　尽管海德格尔没有明确说明，但他在对尼采的评论中提到，形而上学是一种统摄的力量，它凌驾于一切存在者之上。然而我们要谨记，海德格尔对西方形而上学历史的解读，只是众多可能的解释中的一种：参看M. 海德格尔，《全集 6.2 尼采（下）》（ *GA 6.2 Nietzsche Band II* ）（Frankfurt am Main: Klostermann 1997），第342–343页。

61　G. W. F 黑格尔：《费希特与谢林的哲学系统的差异》（ *The Difference between Fichte's and Schelling's System of Philosophy* ），H. S. 哈里斯（H. S. Harris）、W. 塞夫（W. Cerf）译（Albany. NY: State University of New York Press, 1977），第91页。

36

些可能造成混淆的新词，而要从古代哲学范畴即器和道出发重构技术问题，追溯这两者分离、重聚和被彻底忽视的多个转折点。严格来说，器道关系体现了中国的技术思想的特点，它也是在宇宙技术中对道德与宇宙论思想的统一。正是在器与道的联系中，技术问题碰触到它的形而上学根基，同样也是在这一关系里，器参与了道德宇宙论，依着它自身的发展介入了形而上学系统。循着不断重新统一器与道（器道合一）的意图，我们将阐释器道关系在整个中国思想史中是如何变化的。它们的意图都有些许不同，也造成了不同的理解：器以明道、器以载道、器为道用、道为器用。随后我们将从"孔老"的时代到当代中国追索这些关系。最终我们要揭示，一种强加的、肤浅的、简化的唯物主义如何彻底分离了器与道。这也许是一个造成传统系统崩溃的事件，甚至可以被称作中国自己的"形而上学的终结"。诚然我们应该再强调一遍，在欧洲语言里的"metaphysics"并不等同于它通常的中文翻译——形而上学。中文的形而上学实际意思是"形式之上者"，在《易经》中是道的同义词。海德格尔所谓的"Metaphysics的终结"绝非形而上学的终结，对海德格尔来说，西方形而上学的完成给我们带来的是现代科技。但中国意义上的形而上学无法引致现代科技，首先，它并非源自西方意义上的metāphysikā，其次，如果我们沿着新儒家哲学家牟宗三的思考路径，在中国思想中本体（noumenon）总是优先于现象（phenomenon），而正是在这种哲学态度下中国发展了一种不同的宇宙技术，我们在下文中将详细解释这一点。

　　然而，我的目的并非声称中国传统的形而上学是完善的，我们只需要简单地将其复原。与此相反，我想表明简单地复兴一种传

统形而上学是不够的。关键在于我们要以其为出发点，来寻找有别 37
于一成不变的普罗米修斯主义或新殖民主义批判的道路，来思考和
挑战全球科技霸权。最终任务是将器道关系置于历史脉络中重新创
造，并思考如何才能让这一思路不仅有助于建立新的中国技术哲
学，还能回应当下科技全球化的状况。

　　这一任务也无法回避那个困惑了好几代人的"李约瑟问题"：
现代科学和技术为何没有在中国出现？16世纪时，欧洲被中国
的美学、文化所吸引，而且还有它发达的技术。比如莱布尼兹
（Gottfried Wilhelm Leibniz）就着迷于中国的书写，尤其是他发现
《易经》的书写与他自己所提出的二进制系统相吻和。他进而相信
自己在中文书写中发现了一种先进的组合论模式。然而在16世纪之
后，中国的科学与技术就被西方赶超了。依主流观点，16世纪至17
世纪在欧洲发生的科学与技术的现代化导致了这一变化。这一解释
依赖于一种断裂或一个事件，因此它是"偶然性的"；但我们要尝
试详细说明，从形而上学的角度来看还存在另一种解释。

　　在探求为何现代科学和科技没有在中国出现时，我们将讨论
李约瑟自己及中国哲学家冯友兰（1895—1990）、牟宗三（1909—
1995）的解答尝试。牟宗三的回答是三者中最复杂、最思辨的，他
提出的解答要求统一两种形而上学系统：其一沉思本体世界，并将 38
其视作道德形而上学的核心成分；其二则将自己限于现象层面，以
此为高度分析的知性活动提供场地。这一解读深受康德影响，牟宗
三的确经常使用康德的术语。牟宗三回忆，他初读康德时发现康德
所说的本体正是中国哲学的核心，而且对本体和现象的侧重差异标

志着中国的与欧洲的形而上学的差异，这让他十分震惊。[62] 中国哲学偏重于思考本体，倾向于发展智性直观的活动，但抑制对现象世界的处理，其关心后者仅仅是将其当作达到"形而上"的垫脚石。因此牟宗三提出，复兴中国传统思想必须重构本体的存有论与现象的存有论之间的连接。这一连接只能出自中国传统自身，因为根本上，牟宗三试图证明中国传统思想也能发展出现代科学和科技，需要一种新方法即可。这宣布了第二次世界大战后在中国台湾和香港地区发展起来的"新儒家"[63]的任务，我们将在第一部分（§18）讨论它。然而，牟宗三的主张不免踯躅于唯心主义，因为他认为心或者本体的主体是终极的可能性：据他所说，心通过自我否定，能下降为知识的（现象的）主体。[64]

39

　　本书第二部分将批判牟宗三的进路，并提出"回到技术物本身"，替代［或用更好的说法——增补（supplement）］牟宗三的心学。

62　牟宗三：《现象与物自身》，《牟宗三选集》第21卷，台北：台湾学生书局，1975，第20–30页。

63　非中文读者常混淆宋明理学（Neo-confucianism）和新儒家（New confucianism），其一是一场在宋代和明代达到顶峰的形而上学运动，其二是一场始于20世纪初的运动。

64　牟宗三声称自己并非唯心主义者，因为心并非思维（mind），心大于思维，包含更多可能性。

§4　现代性、现代化与技术性

要通过牟宗三的命题来思考中西思想的界面，同时避免陷入某种唯心主义，在本书第二部分里我们以技术和时间的关系来阐明问题。在此我回到贝尔纳·斯蒂格勒，他在《技术与时间》（*Technics and Time*）中依据技术性的问题重构了西方哲学史。然而分析性的线性时间对于中国哲学从来不是一个真正的问题。正如马赛尔·葛兰言（Marcel Granet）和于连所明确指出的那样，中国从未真正详细去制定时间问题。[65] 这开启了接续着贝尔纳·斯蒂格勒的工作来研究中国的技术与时间的关系的可能性。

基于勒鲁瓦-古汉的著作，胡塞尔、海德格尔和贝尔纳·斯蒂格勒试图结束以技术无意识为特征的现代性。技术意识是对时间的意识，对人的有限性的意识，同时也是对这一有限性与技术性的关系的意识。贝尔纳·斯蒂格勒令人信服地揭示出，技术与回忆（anamnesis）的关系是如何从柏拉图开始就被建立起来，并位于灵魂经济的核心。

在轮回时灵魂遗忘了它在前世已经获得的真理知识，所以追寻真理根本上是一种记忆或回忆的行为。在《美诺篇》中苏格拉底对此有一次著名的演示，年轻的奴隶（通过在沙土上画画的方式）在技术工具的帮助下解决了他预先并不知道的几何问题。

东方的灵魂经济则与这种回忆式的时间概念有很大差别。虽

40

65　F. 于连（F. Jullien），《论时间》（*Du Temps*）（Paris: Biblio Essais, 2012）。

然各个文化里的历法装置大同小异，但在这些技术物中我们不仅能看到不同的技术谱系，还能看到对时间的不同解释，这些解释设定了技术物在日常生活中的功能及人们对它的看法。而这很大程度上受到道家与佛教的影响，再结合儒家的影响就产生了牟宗三所说的"综合的尽理之精神"，这与西方文化中"分解的尽理之精神"形成鲜明的对比。[66] 在前者所包含的对本体的经验里，时间的概念几乎是不存在的，或者说时间和历史性并没有成为问题。海德格尔认为，历史性是以此在和技术的有限性为条件的解释学，技术让记忆外置化从而代代相传，以此让此在的持留式的（retentional）有限性无限化。牟宗三赞同海德格尔在《康德与形而上学问题》中对康德的批判，海德格尔把先验想象力问题彻底归结为时间问题。然而

41　牟宗三认为海德格尔对有限性的分析是他的局限。因为对牟宗三而言，心是本体的主体，心实际上可以"无限化"。牟宗三并没有构想任何技术与心的实质关联，因为他几乎无视技术问题，对他而言技术只是良知的自我坎陷（the self negation of the Liangzhi）的一种可能性。我们可以怀疑，正是缺乏对技术问题的反思，才使新儒家无法回应现代化的问题和历史性的问题。我可以并有必要把这种缺乏转变为一个积极的概念，这类似于利奥塔（Jean-François Lyotard）的任务，在后文我们会进一步考察。

　　日本京都学派哲学家西谷启治（1900—1990）于20世纪30年代在弗莱堡师从海德格尔，他指出中国的形而上学缺乏对时间以及历

66　牟宗三：《历史哲学》，《牟宗三选集》第9卷，台北：台湾学生书局，第192–200页。

史性的论述，西谷启治认为，东方哲学对待时间概念并不严肃，所以无法处理如历史性这种概念——也就是说，无法作为一个"历史性的存在者"而思考。这个说法的确是海德格尔式的，在《存在与时间》（*Being and Time*）下半部中，他讨论了个体的时间和历史性（Geschichtlichkeit）之间的关系。西谷启治试图同时思考东方和西方，但这导出了两个问题，呈现出一种两难局面。首先，对这位日本哲学家来说，科技如尼采和海德格尔所说通向"虚无"。但西谷启治赞同佛教认为空是对虚无的超越，而在这一超越里，时间丧失了一切意义。[67] 其次，如贝尔纳·斯蒂格勒在《技术与时间》第三卷里所说，历史性和进一步的世界历史性（Weltgeschichtlichkeit）的条件是持留系统也就是技术。[68] 这意味着，不意识到此在和技术性的关系就无法意识到此在和历史性的关系，历史意识需要技术意识。

　　我在第二部分提出，现代性是在一种技术无意识下运作的产物，这种无意识是对自身局限的遗忘，如尼采在《快乐的科学》所描述的：

　　　　自觉十分自由的可怜小鸟，现在开始要奋力挣脱这牢笼了！呵，当你患上对陆地的思乡病之时——仿佛在那里本来就

42

67　西谷启治，《宗教与虚无》（*Religion and Nothingness*）（Berkeley: University of California Press, 1982）。

68　B. 斯蒂格勒，《技术与时间（3）：电影时间与不适的问题》（*Technics and Time 3. Cinematic Time and the Question of Malaise*），S. 巴克（S. Barker）译（Stanford: Stanford University Press, 2010）。

有更多的自由——"陆地"已不复存在。[69]

　　这种困境正是由缺乏对在手器具的局限性和危险性意识造成的。现代性止于技术意识的出现，而这种意识同时是对科技力量的意识和对人类的技术条件的意识。为了处理西谷启治和牟宗三提出的问题，必须将时间问题、历史问题与技术问题联系起来，从而打开一个新领域，探索一种打通本体存有论和现象存有论的思想。

　　然而，要求中国的技术哲学采纳这个后海德格尔式（贝尔纳·斯蒂格勒式）的观点，是否会再次让我们身处将西方观点简单地强加于自身的危险中？并不尽然。在今天更加根本的问题是找到一个世界历史的新概念和一种宇宙技术的思想，让我们以新的方式与技术物、系统共存。我们远非声称要简单地以贝尔纳·斯蒂格勒的分析代替牟宗三和西谷启治的，而是要提出如下问题：有可能不把技术吸收进牟宗三或西谷启治的存有论，而将技术理解为两种存有论的媒介吗？对西谷启治来说，问题在于："绝对无"能否居有（appropriate）现代性，并建立一种不被西方现代性所局限的世界历史？对牟宗三而言则在于：中国思想能否通过重新配置自己的思想来吸纳现代科学、科技，因为后者的可能性已然包含于前者中？西谷启治的答案导出了全面战争的方案，并试图以此为策略来克服现代性，这种方案在二战之前曾是京都学派的哲学家们高举的口号。我将其称之为形而上的法西斯主义，而它源于对现代性问题

69　F. 尼采，《快乐的科学》，J. 瑙克霍夫（J. Nauckhoff）译（Cambridge: Cambridge University Press, 2001），第119页。

的误判，这是我们无论如何都要避免的。牟宗三的回答则是一种肯定、积极的回答，即便很多中国知识分子质疑其观点。我们在第一部分中会阐述这些内容。我认为牟宗三和西谷启治及他们的学派和他们所处的时代之所以无法克服现代性，很大程度上是因为没有足够仔细地处理技术问题。然而我们仍要透过他们的工作来澄清这些问题。可以确定的是，要弥合现代科技所造成的形而上学系统的断裂，不能依靠任何思辨的唯心主义思想，而必须顾及技术［作为产出（ergon）］的物质性。这并非一种经典意义上的唯物主义，而是将物质的可能性推向极限的一种思考。

这一问题既是思辨的又是政治的。1986年利奥塔受贝尔纳·斯 **44** 蒂格勒邀请，在巴黎蓬皮杜中心（Centre Pompidou）声学及音乐调配研究院（IRCAM）举办了一次研讨会，之后以《逻格斯与技艺或电讯》（*Logos and Technē, or Telegraphy*）[70] 为题出版。在研讨会上利奥塔问道，新科技能否让我们思考13世纪日本禅师道元所说的"明镜"，而不再把新科技当做持留装置。利奥塔的问题与牟宗三、西谷启治的分析产生了共鸣，因为"明镜"根本上是东方形而上学系统的核心。在演讲结束时，利奥塔总结道：

> 整个问题在于：这一过渡是否可能？作为新科技的特征，新的刻写与记忆化模式，是否允许这一过渡并使它成为可能？那些新技术不也施加着一种比以往的技术更深入心灵的综

70　J. -F. 利奥塔，《非人：反思时间》（*The Inhuman: Reflections on Time*），G. 伯宁顿（G. Bennington）、R. 鲍尔比（R. Bowlby）译（London: Polity. 1991）。

合？但是，就此而言，它们不也在帮助我们改善自己的回忆式（anamnesic）抵抗吗？我得打住这种含糊的希望，它太辩证了，不能当真。所有这些都还有待思考和尝试。[71]

利奥塔为何提出这一建议又撤回，说它太含糊、太辩证所以不能当真？利奥塔从牟宗三和西谷启治的相反方向触及这个问题：他在寻求一条从西方到东方的通路。然而利奥塔对东方的知识有限，无法进一步走入世界历史性的问题。

45　　与他同时代的许多人特别是布鲁诺·拉图尔（Bruno Latour），利奥塔是欧洲知识分子克服现代性的第二次尝试的代表。第一次尝试在一战前后，那时的知识分子意识到了西方的衰落，以及显现在文化领域（奥斯瓦尔德·斯宾格勒）、科学领域（胡塞尔）、数学领域［赫尔曼·外尔（Hermann Weyl）］、物理领域（爱因斯坦）和机械领域［理查德·冯·米泽斯（Richard von Mises）］的危机。与此同时，东亚出现了第一代新儒家（熊十力，他是牟宗三的老师，以及梁漱溟、梁启超、张君劢等知识分子），极度德国化的京都学派，以及20世纪70年代的第二代新儒家——他们都试图讨论同样的问题。然而，与第一代新儒家一样，他们仍然对自己处理现代化的唯心主义方式浑然不觉，仍未在哲学上给科技问题一个恰当的位置。在欧洲，我们正目睹第三次尝试，如人类学家德斯寇拉和拉图尔，他们试图以人类世事件为契机来克服现代性，从而打开一种

71　J. -F. 利奥塔，《非人：反思时间》（*The Inhuman: Reflections on Time*），G. 伯宁顿（G. Bennington）、R. 鲍尔比（R. Bowlby）译（London: Polity. 1991），第57页。

存有论的多元性。同时，亚洲学者们正努力寻找不依赖欧洲话语而理解现代性的方式——尤其是张颂仁和其他学者发起的亚际书院。[72]

§5 "存有论转向"何为？

对利奥塔来说，他提出的问题也是抵抗科技霸权的可行方式——而这种霸权正是西方形而上学的产物。在后现代的美学表达以外，对抗这种霸权正是后现代的任务。而拉图尔和德斯寇拉等思想家则避开后现代，转而以"非现代"来处理这个任务。然而无论我们如何称呼它，利奥塔的问题都值得我们再次认真对待。后文将论述到，这个问题汇集了西谷启治、牟宗三、贝尔纳·斯蒂格勒和海德格尔的追问。如果说为了详述一种非现代的思考模式，关于自然的人类学是不仅可能而且必要的，那么同样的操作也可以应用在技术问题上。由此看来，我们可以而且也必须卷入克服现代性的欧洲当代思想计划。而其中一个清晰的、症候般的例子是法国哲学家皮埃尔·蒙特贝罗（Pierre Montebello）的近作《宇宙形态的形而上学：人类世界的终结》（*Cosmomorphic Metaphysics: The End of the Human World*）。[73]

蒙特贝罗试图说明，一种后康德的形而上学再加上当代人类学的"存有论转向"，如何让我们（至少是欧洲人）走出现代性

46

72　http://www.interasiaschool.org/.

73　P. 蒙特贝罗，《宇宙形态的形而上学：人类世界的终结》（Dijon: Les presses du réel, 2015）。

设下的圈套。蒙特贝罗指出，康德的形而上学基于界限。康德已经警告过《纯粹理性批判》的读者们要当心思辨理性的"幻觉"（Schwärmerei），他试图给纯粹理性划定边界。对康德来说，"批判"一词并不带有消极含义，相反它是积极的，它意味着揭示被研究的主体何以可能的条件——在这一界限中，主体才能有对客体的经验。

47　　我们在康德对现象与本体的区分中也看到了他在设立界限，他否认人类存在者具备智性直观，或对物自身的直观。[74] 对康德来说，人类存在者只具有相应于现象的感性直观。"后康德形而上学的生成"这一蒙特贝罗的表达在怀特海（Alfred North Whitehead）、德勒兹（Gilles Deleuze）、塔尔德（Gabriel Tarde）和拉图尔的思想中都有所体现，它的关键在于克服这种形而上学局限，然后提出必要的无限化。康德遗产带来的政治后果是人类存在者越来越与世界脱离，这个过程被布鲁诺·拉图尔表述为："物自身变得不可接近，对应地，先验的主体无限地远离这个世界。"[75] 牟宗三对康德的批判在这个方面与蒙特贝罗是一致的，但牟宗三提出了另一种思考无限化的方式——也就是以中国哲学的术语来重新发明康德的智性直观。

　　蒙特贝罗指出，昆丁·梅亚苏（Quentin Meillassoux）的工作是对现代性的界限（这个词是康德遗留下的形而上学界限的同义

74　P. 蒙特贝罗，《宇宙形态的形而上学：人类世界的终结》（Dijon: Les presses du réel, 2015），第21页。

75　B. 拉图尔，《我们从未现代过》（*We have Never Been Modern*）（Cambridge MA: Harvard University Press, 1993），第56页；蒙特贝罗引用，《宇宙形态的形而上学：人类世界的终结》，第105页。

词）的有力挑战。梅亚苏所质疑的现代性核心特征被他称为"关联主义（correlationism）"——它规定，任何知识对象，只有凭借它被呈现给某主体时才能被思考。梅亚苏认为，这一范式主导西方哲学已超过两个世纪，例如德国观念论和现象学。而梅亚苏的问题是：理性能走多远？理性能否到达一种理性还不曾是理性的时间性，思考那些人类尚未出现的远古时代的事物？[76] 虽然蒙特贝罗认可梅亚苏的工作，但同时他又在策略上将梅亚苏和阿兰·巴丢（Alain Badiou）说成是依靠"数学的无限性"来逃离有限性的失败者代表。蒙特贝罗在这里说的"数学"是指以数字来简化（numerical reduction），他同时指责了数学（在这个意义上）和关联主义：

> 这个双头怪肯定了一个无人的世界，那是数学的、冰冷的、荒芜的、无法居住的世界；又肯定了失去世界的人，他们像鬼魂一样飘荡，只是纯粹的精神。数学与关联主义远非相互对峙，它们在葬礼上结为夫妻。[77]

验查蒙特贝罗对巴丢和梅亚苏的判断并不是这里的任务。我们注重的是蒙特贝罗提出的解决办法，他肯定了"那些让我们置身

48

76　Q. 梅亚苏，《有限之后：论偶然的必要性》（*After Finitude: An Essay on the Necessity of Contingency*），R. 布拉西耶（R. Brassier）译（London: Continuum, 2009）。

77　同上，第69页。

于世界中的关系的多样性"。[78] 我们可以把这理解为一种对基于数学理性的思想的抵抗，它要考虑宇宙论的历史，我们可以循着几何学从神话中分离出来并在天文学中臻于完善的进程，来分析宇宙论的历史。我认为这种关系性的（relational）思想正在欧洲浮现，从而取代了从古代一直延续至今的实体主义思想，这在人类学的"存有论转向"中十分明显，如在德斯寇拉对关系生态学的分析中便有所体现。在哲学中也同样如此，如怀特海与西蒙东的反实体主义的关系性思考越来越受到关注。关系的概念拆解了实体的概念，将其变成诸关系的整体。这些关系不断交织，构造了世界之网同时也构造了我们与其他存在者的关系。我们在很多非欧洲的文化中都能找到这种关系的多样性，如人类学家德斯寇拉、维韦罗斯·德·卡斯特罗、英戈尔德等人的著作。在这些关系的多样性中，我们能依据不同的宇宙论找到新的参与形式，在这个意义上，蒙特贝罗提出要思考宇宙形态构成（cosmomorphosis）而非人类形态构成（anthropomorphosis）——要超越人类（anthropos），依据宇宙（cosmos）来重新配置我们的实践。如上文所述，自然主义只是宇宙论中的一种，其余还有万物有灵主义、类比主义、图腾主义，以及维韦罗斯·德·卡斯特罗所说的"视角主义"，即人与动物相互交换了视角（比如野猪把自己当成了猎人，反之亦然）。维韦罗斯·德·卡斯特罗用德勒兹与瓜塔里（Félix Guattari）的强度概

---

78 Q. 梅亚苏，《有限之后：论偶然的必要性》（*After Finitude: An Essay on the Necessity of Contingency*），R. 布拉西耶（R. Brassier）译（London: Continuum, 2009），第55页。

念来描述一种新的参与形式，即"成为一他者"，这点亮了后结构
式人类学的可能性。维韦罗斯·德·卡斯特罗的重要贡献在于引入
了一种新方法，这让人类学不再局限于列维－施特劳斯的结构主义
遗产里。在他看来，如果说西方的相对主义（比如承认有多种存有
论）包含了一种作为公共政治的多元文化主义，那么美洲印第安的
视角则赋予我们一种作为宇宙政治的多元自然主义。[79]与自然主义
不同，其他形式的宇宙论依照文化与自然的连续性（比如，强度、
生成）而非不连续性来运作。出于同样的理由，我提出在探究中国
的技术思想时，不再采用汉学家葛瑞汉（A.C.Graham）和施瓦茨
（B.l.Schwartz）的结构主义人类学进路。

　　蒙特贝罗提出，返回一种更加深远的关于自然的哲学，唤回
一种新的共在（being together）和共处（being with），能让我们
克服人类世这一现代性的象征。这种关于自然的概念能抵抗自然主
义中文化与自然的分裂。现在看来，蒙特贝罗从德斯寇拉、维韦罗
斯·德·卡斯特罗那借来的例子与道的概念存在强烈共鸣。如我在
前文讨论的那样，道是一种宇宙论和道德的原则，它基于人与天
的共鸣与合一。基于这种共鸣的中国宇宙论本质上是一种道德宇宙
论——这一宇宙论同时从自然资源和文化实践（家庭等级、社会和
政治秩序、公共政治及人与非人的关系）的角度定义了人与世界的
互动。德斯寇拉的著作也偶尔提及中国文化，这似乎源自于连和葛

50

79　维韦罗斯·德·卡斯特罗，《食人族的形而上学：为了一种后结构人类学》
（*Cannibal Metaphysics*: *For a Post-Structural Anthropology*），P. 斯嘉费舍（P. Skaf-
ish）译（Minneapolis：Univocal Publishing, 2014），第66页。

兰言。德斯寇拉在阅读葛兰言时发现，欧洲文艺复兴时期主导的存有论是类比主义而非自然主义。[80] 因此他认为自然主义仅仅是现代性的产物，它很"脆弱"，且"缺乏古老的根系"。[81]

　　然而我很怀疑，像这样返回或重新发明关于"自然"的概念或者返回某种古老的宇宙论，是否足以克服现代性。这种怀疑既是认识论上的也是政治上的。蒙特贝罗运用西蒙东来说明自然是"前个体"现实，所以它也是所有形式的个体化的基础。的确，西蒙东说过：

> 　　个体内所携带的这一前个体现实，可以被叫作自然，由此它就重新发掘出前苏格拉底哲学家赋予"自然"一词的含义……自然不是人类的对立面，而是存在的初始相，第二相则是个体与环境的对峙。[82]

　　但"自然"对西蒙东意味着什么？我在别的文章中说明过，[83] 现存的对西蒙东的观点有两个分支，要么视其为自然哲学家，要么则为技术哲学家。两者分别基于《以形式和信息的观念重新思考个体化》和《论技术物的存在模式》。这种二分仍然是有问题的，

80　德斯寇拉：《超越自然与文化》，第206–207页。

81　同上，第205页。

82　西蒙东：《以形式和信息的观念重新思考个体化》（*L' individuation á to lumière des notions de forme de forme et d' information*）（Grenoble: Jérôme Millon, 2005），第297页。

83　许煜：《论数码物的存在》（*On the Existence of Digital Objects*）（Minneapolis: University of Minnesota Press, 2016）。

因为实际上西蒙东寻求的正是克服自然、文化和技术之间的不连续性。需要讨论的不仅是对西蒙东的解释，更是这个"自然"概念本身。"自然"与全球科技状况之间的紧张关系，并不会因为"存有论转向"的叙述而缓解。

这一观察把我们带到了全球科技-政治的层面上，我希望在这一话语之上再加这个层面。欧洲哲学家也许相信，一旦欧洲从现代性中脱身，那么其他文化也将能接续他们被打断的宇宙论。因此，只要使欧洲思想向其他存有论开放，欧洲哲学家也就把屈从于西方技术思想的他者解救出来了。但这里有一个盲点：蒙特贝罗和其他人认为欧洲的自然主义是罕见的甚或例外，他们似乎没有考虑到这种观点通过现代技术和殖民渗透进其他文化的程度。过去的一个世纪，那些文化由于必须对抗欧洲的殖民，从而经历了巨大的变化和转型，以至于全球技术状况也变成了他们自己的命运。考虑到这种"反转"，任何"返回自然"的想法都未必站得住脚。

本书希望提供另一个立足点，以中国为例来描述现代性的"另一面"，希望能在这个数码化和人类世的时代，给当前的"克服现代性"或"重置现代性"的计划提供一些参考。我们要回到古代范畴，激活宇宙技术的概念，但绝非把它们视为"真理"或"解释"。今天的科学知识证实了许多古代思想模型都充满错误概念，因此某种科学主义甚至拒绝思考存在问题、道的问题等。然而应再重申一下，通过本书勾勒的轨迹，我们试图重新发现及发明宇宙技术，而非仅仅返回对宇宙论的信仰。很多人把爱奥尼亚哲学或道家哲学解读为一种自然的哲学，就这一意义上的自然来说，我也并不打算返回自然——相反，我试图调和技术与自然，正如西蒙东在他关于技术性的起源的论文中所提出的一样。

§6 方法概述

在开始我们的追问前，需要简述研究方法。虽然我试图勾画器-道关系的历史性转变，但我意识到它的复杂程度远远超出了在此我所能给出的梗概，拙作远远无法穷尽它的动态。本书勉力展开的概括与非传统的解读势必有其局限和偏颇，然而这些工作是实施这一计划的必由之路。无论如何，我希望我的工作对那些有意同时从欧洲和非欧洲视角处理科技问题的学者们有所启发——我相信这种意愿会越来越必要。

比起呈现形式方法，我更想解释三个我力图避免的东西：首先是一种概念上的对称，也就是从欧洲哲学和中国哲学里对应的概念出发——比如在中国文化里找technē和physis的对等物。确实，在几十年的翻译和文化交流的过程之后，西方哲学的词汇在中文里或多或少能找到对应的翻译了，但将其视为对称关系是危险的。寻求对称最终将迫使我们使用相同的概念，确切地说是把两种形式的知识与实践归于预定的概念里。从不对称性出发意味着肯定差异，但这种差异并非无关（比如镜像、反射、蜃景），而是要以这种差异为条件来寻求融合。所以在我追问中国的技术问题时，即便我使用了技术（technics）一词，读者们也应该意识到语词上的限制，应该准备着打开这些限制，通向不同的宇宙论和形而上学。所以我没有按通常的译法把technē译作"工"或"技"，这样仅仅把我们的追问变为经验上的东西，相反我从器道的系统出发，这两个术语反过来

也无法转译为产出（ergon）和逻格斯（logos）。这种不对称是本书
所提倡并且坚持的方法论。某些情况下，读者会看到我试图表明相
似性，但这正是为了让隐含的不对称显现出来。

　　同样的问题也出现在对二元论（dualism）和唯物主义（materi-
alism）等学说的翻译上。比如把阴阳理解为一种欧洲所说的二元论
并不恰当。后者通常指两个对立和不连续的实体：心—身，文化—
自然，存在—虚无。在中国，这种形式的二元论不是主流，人们并
不认为阴阳是两个不连续的实物。如道家典籍里所表述的那样，在
中国的形而上学里，无中生有是天然的。在欧洲，无中生有的创造
出于神力，因为它在科学上是不可能的，无中不能生有（ex nihilo
nihil fit）。直到莱布尼兹提出"为什么有物存在而不是空无一
物"，之后海德格尔继续阐明存在的含义，存在问题在西方哲学中
才得以进一步澄清。笼统地说，中国思想往往与连续性而非不连续
性有关。这种连续性是由关系建立起来的，比如天与人的共鸣、琴
与瑟的共鸣或月与花的共鸣。上文说过，这通常被称为"相关性思
维"。[84] 然而，这一话语是由葛兰言发展出来，随后由葛瑞汉继续
阐发的，他们运用了结构主义人类学，把两个相关的实物构想为对
立的，比如阴和阳。而我倾向于称之为"关系性的"而非"相关性
的"思想，因为由这些受结构主义人类学启发的汉学家提出的相关

55

84　参考葛瑞汉的《阴阳与相关思维的本质》，第2章。

性思想，总是力图系统化并最终呈现一种静态的结构。[85] 实际上，关系性的思想比这更加开放，因为它是更加动态的。它的确包含了一种联想的相关性模式，两种自然现象因为在这个宇宙论中共属相同的范畴（例如五行），所以被联系在一起。然而它也是政治的，意思是（作为天意表达的）季节变换和国家政策之间有关联，例如在春季应该避免处决罪犯。最后它也可以是微妙的、诗意的，心能体察自然现象间细微的共鸣从而接近道——尤其体现在宋明理学的心学中。

56

其次我要避免从孤立的概念出发，很多汉学家就是那么做的，似乎那些概念是固定不动的范畴一样，这值得商榷，它无意识地强加了某种文化本质主义。概念从不是独立存在的：一个概念总是与别的概念相关，而且概念会随时间而转变，要么是它本身转变，要么是它与更大的概念系统的关系改变了。这在中国思想中尤其明显，我们已经论述过，它根本上是一种关系性思维。因此，我尝试采取系统性的视角，尝试在系统中定位概念的系谱学，而非仅仅在两个概念之间做比较。当我们思考器和道的关系时，必须同时思考器和道的历史性分离与重新结合，循着这个谱系我们才能开启中国的技术哲学大门。我希望以中国为例彰显这种差异，进而对一种技术性的多元主义有所贡献。

最后我希望把这一工作与后殖民批判区分开来。这并不意味着我在这里不思考后殖民理论，而是说我意在弥补后殖民理论往往忽

85　对结构主义者如何解读事物感兴趣的读者可参看B. I. 施瓦茨的《中国古代思想》（*The World of Thought In Ancient China*）（Cambridge, MA: Harvard University Press, 1985），第九章，"相关性宇宙论：阴阳学派"，施瓦茨对这一学派所做的分析与列维-施特劳斯对"具体性的科学"的分析如出一辙。

略了的东西。对我来说，后殖民理论的力量在于它有效地把权力的
动力重新表示为一种叙事，并且力争另一种或有差异的叙事。然而这
同时也是它的弱点，因为它往往忽视了技术的问题——我认为技术无
法简化为叙事的问题。这种简化是危险的，其承认有物质性的条件却
不理解这些条件的物质含义——这好比在清代之后中国的社会政治变
革期间，器之于道被认为是次要的东西（见§14）。所以，这里采
取的进路有别于后殖民批判，而要迈向一种唯物主义的批判。不过
这一唯物主义不将精神与物质对立，相反它意在突出物质性的实践
和物质性的建构，进而在宇宙论上，历史性地理解传统与现代、本
土与全球、东方与西方。

57

第一部分：追寻一种中国技术思想

§7 道与宇宙：道德的原则

在爱奥尼亚时期（770—211 BC），中国人已有关于技术问题的经典文献。在《考工记》中，我们不仅看到各种技术的细节，如制作轮子、搭建房屋等，还能读到最早的关于技术的理论性话语：

> 天有时，地有气，材有美，工有巧。合此四者，然后可以为良。

根据这一描述，四种要素一起决定了生产。前三者由自然提供，因而也是不可操控的。而第四个是可以操控的技术，但它也以其余三者为条件：时、气和材。人类是最后一个要素，它的存在方式依情况而定。而且技术并非现成的，它需要学习和提升。

当然，亚里士多德主义者们也有四因说：形式因、质料因、动力因和目的因。对他们来说，生产始于形式（morphē），终于这一形式在质料（hylē）当中的实现。然而中国思想实际上已经跳过了形式问题，通达了"能量"，也就是气的问题；技术不是决定性因素，但可以辅助气。从能量的角度分析世界，诸存在者都处在一个

宇宙秩序中，这个秩序通过它们共有的某种意识得以传播；技术能
"巧妙地"把与这一宇宙秩序共鸣的事物聚集起来，而这一宇宙秩
序最终是一种道德秩序。

　　在1953年出版的《论技术问题》中，海德格尔复述了亚里士多
德的四因说，并把动力因和揭示的可能性联系起来。在海德格尔式
的四因概念中，技术本质上是生产的（poeisis）（既是产出又是诗
意）。这似乎与中国的技术概念相似，但有一个根本差别：中国的
技术概念是对宇宙的"道德的善"的实现，而海德格尔把亚里士多
德的技术概念解释为揭示"真理"［解蔽（alētheia）］或存在的解
蔽。当然，海德格尔所理解的真理并非逻辑上的真理，而是揭示此
在与它的世界之间的关系，当世界被视之为"现成在手"（present-
at-hand）时，这种关系通常就被忽略了。然而，对道德的追求与对
真理的追求标志着中国哲学与希腊－德国哲学的分野。希腊与中国
有各自的宇宙论，这反过来分别影响了两者的宇宙技术部署。哲学
家牟宗三（1909—1995）坚持中国的宇宙论是一种道德存有论和
道德宇宙论，意思是它最初就不是一种自然哲学，而是一种道德哲
学，这体现在《易经》乾卦中：

　　　　大人者与天地合其德，与日月合其明，与四时合其序，与
　　鬼神合其凶。[86]

63

86　《易经·乾·文言》，牟宗三引用，《宋明儒学的问题与发展》，上海：华东师
范大学出版社，2004年，第13页。

　　在儒家宇宙论中，"道德"的含义与他律的道德律并不等同，而是关于人格的造化（这正是乾的含义）和完善。因此，牟宗三把中国的道德形而上学康德的道德的形而上学里区分开来，因为后者只是一种关于道德的形而上式阐述，而牟宗三认为，只有基于道德，才可能有形而上学。

　　与前苏格拉底和古希腊的哲学相比，在同样的历史时期，存在问题或技艺问题都没有构成中国哲学的核心问题。儒家和道家学说共同关心的问题是"生活"，即如何引导一种道德的或善的生活，而非"存在"。弗郎索瓦·于连在他的著作《生活的哲学》（*Phiosophie du vivre*）中试图揭示，在中国，这种倾向导致了完全不同的哲学心性。[87] 不可否认，中国古代也有一些自然哲学家，尤

64

87　F. 于连，《生活的哲学》（Pans: Gallimard. 2011）。我已经说过，我意识到这里需要一些辩护，因为这样解释西方哲学史，难免会造成冲突。的确，在本书中我处理的是海德格尔对形而上学的历史的解读；但我不想忽略希腊化时期的学派（如犬儒派、伊壁鸠鲁派和斯多葛派）及其罗马后继者的一整个关于"自我技术"（technē tou biou）的传统。[M. 福柯，《自我技术》，L. H. 马丁（L. H. Martin），H. 古特曼（H. Gutman）、P. H. 胡顿（P. H. Hutton）编，《自我技术：福柯研讨班》（*Technologies of the Self : A Seminar with Michel Foucault*）（Amherst. MA: University of Massachusetts Press. 1988），第16–49页]。[希腊化时期的学派强调关心自身，这似乎与海德格尔在《存在与时间》中所说的烦（Sorge）有共鸣，的确，他在42节讨论关照（cura）时，引用了塞内卡的《致卢基利乌斯的道德书简》（*Epistulae morales ad Lucilium*）。] 维克托·古尔德施密特（Victor Goldschmidt）曾指出，海德格尔对物理时间与生活时间的二分对于斯多葛派并不适用，因为斯多葛派有不同的物理概念，我们之后（§10.3）会处理这一点 [参看V. 古尔德施密特，《斯多葛系统和时间的观念》（*Le système stoïcien et l'idée du temps*）（Paris; Vrin, 1998），第54页]。海德格尔限定了希腊化哲学的范围，而把罗马哲学仅仅视为对古希腊哲学的劣质翻译，这总是让人吃惊。是因为存在问题在希腊化时期的思想家那里还不明显，还是仅仅因为这段插曲无法与海德格尔的存在的历史相匹配？甚至可以怀疑，斯多葛派的宇宙技术与海德格尔对技艺的定义有某种出入。这些问题值得深究。目前我将把这个形而上追问的讨论限制在海德格尔关于技术的论文这一背景下，之后（§10.3）我将再回到斯多葛派和道家的问题。

其体现在道家和后续的炼丹"技术"里。但这一自然哲学不像泰勒斯、阿那克西曼德、恩培多克勒等人那样，浸淫在对世界的基本物质元素的沉思里，而是在处理一种有机的或综合的生活形式——有机指的是这种生活与宇宙互为因果，它服从于这种关系，而宇宙则被思考为关系的总体性。[88] 儒家认为，道是宇宙秩序与道德秩序达到一致。这种一致性就叫作自然，通常被翻译为"nature"。在现代汉语里，这个词指的是环境、野生动物、植物、河流等这些现成的存在。但它也指行动或行为出于自我、不做作，或任事物是其所是。但这一自我并非一块白板（tabula rosa），而是从某种特定的宇宙秩序中浮现的，这一秩序滋养、限制着自我，名为道。道家则认为"道法自然"是自然哲学的标语和原则。[89] 儒家和道家关于道的两种概念的关系很有趣，根据惯常的解读，一方面两者关系紧张：道家 [在老子（571—471 BC）和庄子（370—287 BC）的文本里] 强烈批评任何强加的秩序，而儒家则试图肯定不同类型的秩序。另一方面两者似乎又相互补充，好比一方问"什么"，一方问"如何"。然而他们都具体表现了我所说的"道德宇宙技术"：一种关于宇宙与人类的关系性思想，而技术物是这个关系的媒介。因此我不想把道和诸存在者的关系解读为一种自然哲学，相反我把它理解

65

88　在中国的创世神话里，巨人盘古用斧子把原初的混沌劈成天与地，宇宙就形成了。当盘古死后，他身体的各部分转变为山（四肢五体）河（血液）。

89　老子，《道德经》。艾迪斯（Stephen Addiss）和隆巴窦（Stanley Lombardo）把"道法自然"翻译为"Dao follows its own nature（道遵循它自身的本质）"。这也是一种理解，但有争议，因为"nature"暗含了"本质"，而道是没有本质的——参看老子，《道德经》（Indianapolis, IN: Hackett, 1993），第25页。

为一种既是儒家又是道家的可能的技术哲学。根据这种平行解读，中国哲学里道代表存在者的最高秩序，而技术必须符合道，才能达到最高水准。或者说最高标准就是器道合一。如我们在概论里所说，器字的现代含义是"工具""器具"或更普遍的"技术物"。早期道家，比如老子和庄子，他们相信万物皆从道生，如老子所写：

66

> 道生一，一生二，二生三，三生万物。[90]

　　道处在万物中体现为德，从而不与存在者分离，是内在的。然而德的通常被翻译"virtue"是有争议的，因为在《道德经》里，德的含义不是美德或道德完善，它指的是宇宙生生不息的原初和谐。[91] 道无处不在，处于每个存在者之中，所以庄子说，物物者与物无际。庄子认为，道在存在者之中以气的形式出现。[92] 魏晋时期的学者王弼把道与存在或道与器的关系明确化，在更早的《道德经》版本被发现之前，[93] 王弼对老子的评注在数个世纪中都是道家

90　老子，《道德经》。艾迪斯（Stephen Addiss）和隆巴窦（Stanley Lombardo）把"道法自然"翻译为"Dao follows its own nature（道遵循它自身的本质）"。但这是一个有争论的翻译，因为"nature"暗含了"本质"，而道是没有本质的。参看老子，《道德经》（Indianapolis, IN: Hackett, 1993），第45页。

91　钱新祖（E. T. Ch'ien）：《中国思想史讲义》，上海：东方出版中心，2016，第127页。钱新祖指出，在《道德经》第55章里，老子说"含德之厚，比于赤子"，德指的不是美德而是自然。

92　陈鼓应：《论道与物关系问题：中国哲学史上的一条主线》，台大文史哲学报2015年第62期，第89–118、110–112页。

93　更早的版本在马王堆（1973）和郭店（1993）考古遗址被发现。郭店楚简本被认为是现存最早的版本，与王弼的版本有数处不同。

研究的基石。王弼派生出四对类似的概念，代表四种关系：①器／道；②无／有；③本／末；④体／用。[94] 每一对概念的统一都体现了中国哲学的整体观。在这一点上的共识是：即便两者有对立关系，它们也无法分离成两个实体，比如道和器。

在《知北游》中庄子像斯宾诺莎一样，说道是无处不在的：

> 东郭子问于庄子曰："所谓道，恶乎在？"庄子曰："无所不在。"东郭子曰："期而后可。"庄子曰："在蝼蚁。"曰："何其下邪？"曰："在稊稗。"曰："何其愈下邪？"曰："在瓦甓。"曰："何其愈甚邪？"曰："在屎溺。"东郭子不应。[95]

从这段话中很容易总结出，道的概念涉及一种自然哲学。虽然听起来有些时空错乱，但相较于我们所知道的爱奥尼亚哲学，庄子的自然哲学与更晚近的康德、谢林和其他浪漫主义者关于有机形式的思想的关系更亲密。在《判断力批判》的64节，康德尝试定义有机体的形式。有机形式不是对先天范畴的机械式服从；它强调存在者的部分与整体关系，以及部分与整体的交互关系。康德是通过研究当时的自然科学而留意到这个问题的，有机形式这个概念在早期浪漫主义者那里有进一步发展。这个把生命、自然和宇宙视为相互

94　陈鼓应：《论道与物关系问题：中国哲学史上的一条主线》，第113页。

95　庄子：《庄子全集》，B. 沃森（B. Watson）译（New York: Columbia University Press, 2012），第182页。

关连的概念，在道家思想的开端就出现了，对道家而言它是一切存在者的原则。

再者，道并非一个特殊的对象，也不是特殊种类的对象的原则；它脱离一切对象化，存在于所有存在者中。道是无条件者（das Unbedingte），"无条件者"是19世纪的各种观念论计划共同追寻的系统的绝对基础，也就是完全自我设定的第一原则（Grundsatz）。费希特认为自我（Ich）是这种无条件者的可能性；而在谢林早期的自然哲学（Naturphilosophie）里，无条件者从自我（1794—1797年他仍然追随着费希特）转变为自然〔1799年的《自然哲学系统的第一纲领》（*First Outline of a System of the Philosophy of Nature*）〕。在《第一纲领》中，谢林采取了斯宾诺莎对能产的自然（natura naturans）和所产的自然（natura naturata）的区分，把前者理解为自然的无限生产力，后者则是其产物。当这种生产力受到阻挡时，所产的自然就产生出来，好比水流遇到阻碍就产生旋涡一样。[96]

所以，无限被刻写在有限的存在者中，它好比柏拉图在《蒂迈欧篇》里描述的世界灵魂（psuchè kósmou），循环流转。[97] 我们在怀特海的著作中看到了这种有机哲学的进一步延续，他的思想在20

[96] F. W. J. 冯·谢林：《自然哲学系统的第一纲领》，K. R. 皮特森（K. R. Peterson）译（New York: State University of New York Press, 2004），第18页。

[97] 我之所以提及谢林而非柏拉图，一个理由是在谢林早期的自然概念中不存在造物主，这和道家一致。

世纪初的中国引起了巨大共鸣。[98] 以这种方式来理解，道是无条件者，是包括技术物的一切存在者，完善自身的条件。如东郭子的想象，道一定存在于世界上最高等级的形式或物件中。然而庄子刺破了他的崇高幻想，把道同时置于最低级的甚至令人作呕的东西里：蝼蚁、稊稗、瓦甓和排泄物。庄子对道的追求与孔子所说的"天理"相合，也使用"天理"一词。在这个特殊的情况下，自然和道德相遇了，两种学说在这一点上融合：生活就是保持与道之间微妙而复杂的关系，即便无法彻底知晓道。

§8　技术作为暴力

中国思想与德国观念论的"相似"令人惊讶，虽然两种说法有相似之处，但在希腊早期和中国思想中，自然的概念、技术的概念及两者的关系仍有显著差异。希腊词physis指的是"生长""生育"[99]"自然发展的过程"[100]，拉丁文翻译也有"出生"的含

70

98　西方的何种模型与中国的更接近，还需要讨论。如牟宗三和李约瑟在谈及中国思想的本质时都联系到怀特海，然而我相信这还需要进一步研究，怀特海与谢林的关系［比如在《自然的概念》（Cambridge: Cambridge University Press, 1920），第47页，怀特海援引谢林来支撑论述］也还需要进一步厘清。

99　W. 莎德瓦尔特（W. Schadewaldt）：《希腊的"自然"与"技术"概念》（*The Greek Concepts of "Nature" and "Technique"*），R. C. 莎夫（R. C. Scharff）、V. 杜泽克（V. Dusek）编，《技术哲学：技术条件，选集》（*Philosophy of Technology: The Technological Condition, An Anthology*）（Oxford: Blackwell, 2003），第2页。

100　C. H. 卡恩（C. H. Kahn）：《阿那克西曼德和希腊宇宙论的起源》（*Anaximander and the Origins of Greek Cosmology*）（New York: Columbia University Press, 1960），第201页。卡恩进一步指出，"自然（nature）"和"源头（origin）"统一在同一个观念里。

义，[101] 但是自然不一定带有生产的含义——衰落或停滞也是自然的。古希腊人认为，技术模仿自然并改善自然。[102] 技艺是physis与tychē（偶然或巧合）的中介。然而技术是自然的补充和"完善"的观念不可能出现在中国思想里，因为中国思想认为技术总是隶属于宇宙秩序：成为自然的一部分相当于在道德上是善的，因为自然蕴含的宇宙秩序同时也是道德秩序。对中国人来说，当然也存在着偶然，但偶然不是技术的对立面，或者说偶然不靠技术来克服，因为偶然是自然的一部分，所以人无法抵抗或克服它。同时，中国思想里也没有海德格尔在古希腊概念里看到的那种靠暴力来揭示真理的需求。人们只能通过和谐来体现真理，而非靠极端手段发掘它，后者是技艺的情况。[103]

71　　海德格尔把这些必要的暴力描述为技艺的形而上学含义，也是人作为技术的存在者这一希腊概念的形而上学含义。早在1935年的《形而上学导论》中，海德格尔就发展出一种对索福克勒斯《安提戈涅》的解释，试图以此来解决巴门尼德与赫拉克利特的哲学的对

101　P. 奥本克（P. Aubenque），"自然"（Physis），《世界百科全书》（*Encyclopedia Universalis*），http://www.universalis.fr/encyclopedie/physis/。

102　莎德瓦尔特：《希腊的"自然"与"技术"概念》，第30页。

103　这个区别也解释了为何古代中国没有与希腊的悲剧概念对等的东西；根据玛萨·诺斯鲍姆（Martha Nussbaum）等学者的研究，偶然（tychē）是希腊悲剧的根本要素。无法避免的偶然打破了自然的秩序，所以偶然变成了悲剧中的必然——比如天才的俄狄浦斯王，即便解答了斯芬克斯谜题，仍然无法逃避被预言的命运；他战胜斯芬克斯仅仅铺就了命运之路，导致他杀父娶母。参看M. Nussbaum, *The Fragility of Goodness*: *Luck and Ethics in Greek Tragedy and Philosophy*（Cambridge: Cambridge University Press, 2001）。

立，这是关于存在的思想家与关于生成的思想家的对峙。[104]

如鲁道夫·博姆（Rudolf Boehm）所指明的，[105] 海德格尔在《形而上学导论》里令人惊讶地把技艺解读为思想的源头。这与通常的对海德格尔的解释相左，按通常的解释，存在问题是形而上学的历史的出路，而后者又等同于从柏拉图和亚里士多德开始的技术的历史。在《形而上学导论》里，海德格尔指出，在所引用的第一段诗节里，人是最莽劲森然者（to deinotaton，或译最诡异的），是莽森万物中最甚的（das Unheimlichste des Unheimlichen，或译诡异中最诡异的）："莽森万物，却无一莽劲森然若人，出类拔萃" ［ "τοδεινον"被荷尔德林译作非同寻常的（Ungeheuer）；海德格尔的解读把三个词，阴森可怕、无家可归和非同寻常的，合

72

104　回顾海德格尔对巴门尼德和赫拉克利特的解读，基本问题是对逻格斯一词的解释。这个词来自动词legein，海德格尔认为它实质上的意思是"让-置于跟前"，"把-带到眼前"，作为真理的在场的到场（presencing of presence），也就是解蔽（alētheia）。巴门尼德的命运（moira）［残篇8："命运让它（存在）注定是整全的、不变动的"］，即大地之神，就是自然（physis），它的不断涌现就是逻格斯。参看M. 海德格尔，《命运巴门尼德，VIII. 34-41》"Moira Parmenides VIII.34-41"，《希腊早期思想》（*Early Geek Thinking*），D. F. 克莱尔（D. F. Krell），F. A.卡普齐（F. A. Capuzzl）译（San Francisco: Harper, 1985），第97页。在《希腊早期思想》的《解蔽（赫拉克利特残篇B16）》里，对赫拉克利特所说的解蔽的解释中，存在是不断自我显现和自我隐藏、遮蔽，如残篇123所写"事物的本质乐于隐藏自身"，海德格尔把它翻译为"（从自我隐藏之中）升起赐予自我隐藏恩惠"［rising（out of self-concealing）bestows favor upon self-concealing］（第114页）。赫拉克利特的火是澄明（Lichtung），照亮在场者，将它们聚集起来，准备着呈现。终有一死者依旧忘却了澄明，因为他们只关心在场者（第122页）。对作为居有事件（Ereignis）的存在的显现-隐藏的占有表现为逻格斯。

105　R. 博姆：《思想与技术：海德格尔问题初探》（*Pensée et technique. Notes préliminaires pour une question touchant la problématique heideggerienne*），《国际哲学评论》（*Revue Internationale de Philosophie*），14:52（2）（1960），第194–220页。

为一个〕。[106] 根据海德格尔，古希腊人认为莽森者（deinon）穿越存在的对-峙（Aus-einander-setzungen des Seins）。存在与生成的张力是根本要素。海德格尔说，莽森者有两重含义：首先包含的是暴力（Gewalttätigkeit）、暴力-行事（Gewalt-tätigkeit），作为技艺的人类存在者的本质就在这"暴力-行事"中：人类存在者是僭越界限的此在；如此行事之时，人类存在者的此在发现自己无家可归，成了莽森者。[107] 这种与技艺相关的暴力既不是艺术也不是现代意义上的技术，而是知晓——这种形式的知晓能让存在在存在者中起作用。[108] 其次，它是一种威临一切（Überwaltigend）的力量，好比大海与大地之力。这种力量体现在dikē[109]一词中，它通常被翻译为"正义"（Gerechtigkeit）。海德格尔则将它译作"嵌合"（Fug），因为iustitia，即拉丁文的"正义"一词，"与dikē的本质

106　海德格尔，《全集，53卷，荷尔德林赞歌"伊斯特河"》（*GA 53. Hölderlins Hymne "der Ister"*）（Frankfurt am Main: Vittorio Klostermann, 1993），第86页。译注：诗节中译取自海德格尔，《形而上学导论》（新译本），王庆节译，北京：商务印书馆，2015年，第168–169页。Deinon常被译为诡异的（uncanny），*deinataton*则是诡异中最诡异的。

107　海德格尔，《全集，40卷，形而上学导论》（*GA 40. Einführung in die Metaphysik*）（Frankfurt am Main: Klostermann, 1983），第116页。

108　同上，第122页。

109　赫西俄德在《神谱》中告诉我们，宙斯与忒弥斯结婚生下了女儿荷赖（时序）、欧诺弥亚（秩序）、狄克（正义）、厄瑞涅（和平）。"狄克坐在宙斯的王座边，掌管一切人类事务"。F. 佐尔（F. Zore），《对正义的柏拉图式理解：论希腊哲学中的狄克（正义）和迪凯娥斯涅（公义）》（*Platonic Understanding of Justice: On Dikē and Dikaiosyne in Greek Philosophy*），D. 巴巴里克（D. Barbaric）编，《柏拉图论善好与正义》（*Plato on Goodness and Justice*）（Cologne: Verlag Königshausen & Neumann, 2005），第22页。

基础截然不同，dikē 一词来自alētheia"：[110]

> 我们用嵌合（Fug）来翻译这个词（dikē）。这里我们首
> 先从合缝（Fuge）与榫合（Gefüge）的意义上来领会嵌合；
> 然后，我们在把这个嵌合领会为机缘搭配（Fügung），即
> 威临一切者行使其统治的谕令；最后，嵌合被领会为严丝合
> 缝般的榫合（fügende Gefüge），而这一榫合则强逼出适合
> （Einfügung）与顺从（sich fügen）。[111]

Fuge的词语游戏和它的派生含义——Gefüge、Fügung、fügende
Gefüge、Verfügung、Einfügung、sich fügen在翻译中完全丧失了。
这清晰地显示出，dikē这个在法律和道德含义上通常译作"正义"
的词，对海德格尔来说首先意味着某种合缝、某种榫合；然后是导
向某种东西的机缘搭配——但谁在指导呢？Glückliche Fügung 通
常译作"幸运的巧合"，然而它并非完全偶发的，而是外部力量所
致。最后，它还是一种强迫的力量，被强迫者只能屈服，从而成
为这个榫合的一部分。由此我们得以看到技艺与嵌合的对立：希腊

74

110　C. R. 班巴赫（C.R. Bambach），《思考正义的诗性尺度：荷尔德林-海德格尔-策兰》（*Thinking the Poetic Measure of Justice: Hölderlin-Heidegger-Celan*）（New York: SUNY Press, 2013），第14页；海德格尔，《全集，52卷，荷尔德林赞歌"纪念"》（*GA 52. Hölderlin Hymne "Andenken"*）（冬季研讨班1941／1942）（Frankfurt am Main · Vittorio Klostermann, 1982），第59页。

111　海德格尔，《全集，40卷》，第123页；《形而上学导论》（*Introduction to Metaphysics*），第171页。译注：中译取自海德格尔，《形而上学导论》（新译本），王庆节译，北京：商务印书馆，2015年，第185页，译文有改动。

式此在的"暴力—行事"与"存在的威临一切"（Übergewalt des Seins）对立。[112] 海德格尔强调，语言、建造房屋、航行等这些"暴行"不应从人类学理解，而要通过神话理解：

> 诗性的吟咏，运思的筹划，建设的营造，建邦立国等诸般暴力—行事，并非尽稽人力人事的事业，相反，此乃众多暴力之间的调驯和契合，赖此众多暴力，存在者方可作为此一存在者开显自身，而人也就因此而忝列其中。[113]

对海德格尔来说，这种冲突是前苏格拉底哲学家们开启被退避的存在的企图。这种冲突是必要的，因为"历史性的人的在—此（Being-here）意味着：被设置为一道裂缝，存在的过度的暴力在这裂缝显露时侵入其中，以至于这道裂缝本身击碎了存在"。[114] 在这个暴力剧场中，存在和自然（physis）对人的摆布迫使人类向存在发起进攻。根据海德格尔，技艺与嵌合的对峙可以理解为巴门尼德所说的"存在作为一个整体"，"思想"和"存在者"都隶属于它。但同时它也完全符合赫拉克利特的学说："必须牢记对峙，相互—分离（Aus-einander-setzung）本质上展现为团结（bringing-

75

112　海德格尔：《全集，40卷》，第124页；《形而上学导论》（*Introduction to Metaphysics*），第173页。

113　海德格尔：《全集，40卷》，第120页；《形而上学导论》，第167页。译注：中译取自海德格尔，《形而上学导论》（新译本），王庆节译，北京：商务印书馆，2015年，第181页，译文有改动。

114　班巴赫，《思考正义的诗性尺度》，第174页。

together），而嵌合展现为对立……"[115] 这一对峙把存在敞开为自然（physis）、逻格斯和嵌合，并让存在与存在者中运作起来。最终海德格尔总结道："这一威临一切，即存在，就在作为中将自身确立为历史。"[116]

韦尔南指出，无论是dikē还是nōmos（法律）对古希腊人来说都没有绝对系统性的内涵。比如在《安提戈涅》中，安提戈涅用nōmos所指的涵义就与克瑞翁的不同。[117] 海德格尔在1946年的论文《阿那克西曼德箴言》（"Der Spruch des Anaximander"）里再次采用了《形而上学导论》里对dikē的翻译——嵌合。文中海德格尔反对尼采和古典学家赫尔曼·迪尔茨（Hermann Diels）把dikē译作审判（Buße）或惩罚（Strafe），再次提出要把dikē译作嵌合、安

115　海德格尔，《形而上学导论》，177，引用赫拉克利特残篇第80段。这个句子通常译作"然而必须知道，一切都在交战，正义就是斗争"。在另外两段赫拉克利特残篇里，这一对立也许会更容易理解：残篇B51，"他们不知道，被区别（diapheromenon）的东西如何又与自身保持一致：对抗的张力形成的一种机制（harmoniē），体现在弓箭或七弦琴中"；残篇B53，讲得更加暴力，"战争是万有之父和万有之王：它使一些存在者成为神，一些成为人，一些成为奴隶，一些成为自由人"。由J. 巴克曼（J. Backman）引用，《纠结的在场：海德格尔和后形而上学的存在之整体》（*Complicated Presence: Heidegger and the Postmetaphysical Unitiy of Being*）（New York: SUNY Press, 2015），第32–33页。

116　海德格尔，《形而上学导论》，第125页；《形而上学导论》，第174页。译注：中译取自海德格尔，《形而上学导论》（新译本），王庆节译，北京：商务印书馆，2015年，第189页。

117　让-皮埃尔·韦尔南、皮埃尔·维达尔-纳凯（P. Vidal-Naquet），《古希腊神话和悲剧》（*Myth and Tragedy in Ancient Greece*）（New York: Zone, 1990），第26页。

76 排好的强制的秩序（fugend-fügende Fug），[118] 而把Adikia译作非嵌合（Un-Fug）、脱节、失序。尼采是这样翻译的："万物由它产生，也必复归于它，都是按照必然性；因为按照时间的程序，它们必受到惩罚并且因其不正义而受审判。"[119] 海德格尔重新解释阿那克西曼德残篇，意在寻回存在的历史，而抵达的是一道深渊。海德格尔的读者们都知道，存在（Sein）与存在者（Seiendes）之间的存有论差异和它们的动态关系构成了西方形而上学的历史，在这一历史中，对存在的遗忘和作为总体（totality）的存在者的在场导致了他所说的"存在的末世论"。[120] 纯粹在场的存在者处在失序和脱节之中。因此海德格尔把尼采的对残篇第二部分的翻译改为"它们让嵌合相互归属（didōnai...dikēn），因而在克服非嵌合中让牵系相互归属"。[121] 海德格尔有意地把牵系一词（Ruch，它的原初含义已难以追溯）和嵌合（dikē）联系在一起。他还提到中古高地德语词ruoche，含义是谨慎（Sorgfalt）和忧虑（Sorge），但没有进一步评

118　M. 海德格尔，《全集，第5卷，林中路》[GA 5. Holzwege（1935—1946）]（Frankfurt am Main: Klostermann 1977），第297页；海德格尔，《希腊早期思想》，第43页。

119　"Woraus aber die Dinge das Entstehen haben, dahin geht auch ihr Vergehen nach der Notwendigkeit denn sie zahlen einander Strafe und Buße für ihre Ruchlosigkeit nach der fest-gesetzten Zeit." 海德格尔，《希腊早期思想》，第13页；《全集，第5卷》，第297页。译注：中译取自海德格尔，《林中路》，孙周兴译，上海：上海译文出版社，2004年，第337页。

120　同上，第18页。这个"存在的末世论"并没有神学含义，相反，海德格尔说应该在"精神现象学"的意义上把握它。

121　海德格尔，《希腊早期思想》，第47页。译注：中译取自海德格尔，《林中路》，孙周兴译，第382页，

注。[122] 克服非嵌合是要让嵌合进入存在，即在场之到场。要恢复把存在经验为这种威临一切的嵌合的敞开，而非把它确定成作为单纯在场的存在者。在这里我们想强调的是一种通过技艺的暴力来开启存在之嵌合的必要性。1946年海德格尔不再像1936年那样谈及技术的暴力，而用更温和的词语——利用（verwinden），并且他转向对存在之谜的"诗化"。然而这种诗化并非对技术问题的遗弃，相反是返回到作为生产（poeisis）的技术。

海德格尔的分析提出，希腊人与技术的关系源于一种宇宙论，关于技术的知识则是对这种宇宙的回应，试图"嵌入"或争取"嵌合"，或许也可以说争取"正义"。[123] 这种嵌合的特点是什么？海德格尔把阿那克西曼德解读为思考存在的哲学家，而韦尔南则把他解释为社会-政治思想家，将这两种解释并读，尤为揭示出古希腊宇宙技术与几何的关系。古希腊的道德理论、法律（nómos）都在几何意义上与嵌合紧密相关。嵌合意味着某物可以嵌入神圣的秩序，这正暗示了一种几何的投射：

77

122　海德格尔，《全集》，第5卷，第360页。

123　这一宇宙论角度，海德格尔在关于赫拉克利特的研讨班（1966—1967）上有论及但并未专题化。M. 海德格尔，《全集，第15卷，赫拉克利特机研讨班1966—1967》（GA 15 Heraklit Seminar Wintersemester 1966—1967）（Frankfurt am Main: Klostermann 1986）。在第七次研讨时，海德格尔就残篇16和残篇64的区别提问。残篇64以闪电（Blitz）开头，通篇都在讨论大全（tā pānta），没有提到人类。闪电、太阳、火焰、战争和大全之间的关系表明了一种归属在一起（belonging-together）。然而，海德格尔指出，难点在于，存在着一种多样性或一种多，它超出了大全的总体性（andererseits ist von einer Mannigfaltigkeit die Rede, die über die Totalität hinausgeht）（125）。让人不解的是，存在者在"大全"中被把握为总体性，而"大全"是一个形而上学概念。赫拉克利特的思想尚未不是/已不再是形而上学的，而大全这个形而上学概念就是苏格拉底和爱奥尼亚哲学家的分水岭，黑格尔正好也这么说过。

78　　　　法律（nomoi），立法者颁布的法则，是一种人为的解决
方案，为了获得特定的结果：社会和谐及公民间的平等。然
而，这些法律只有符合一种高于人类意义的平衡模型和几何上
的和谐，且体现了神圣的嵌合的某个方面之时，它才是正当
的。[124]

韦尔南在这段话中揭示的是宇宙论和阿那克西曼德思想中的社
会哲学之间的联系。（与赫西俄德在《神谱》中描绘的大地是漂浮
的宇宙论不同）。阿那克西曼德认为大地是静止不动的，因为它位
于中央（meson），在其他力量的作用下保持平衡。根据阿那克西
曼德，阿派朗（apeiron），即无定，这个概念不像泰勒斯所说的水
一样是某种元素，否则它将压倒或摧毁所有其他元素。[125] 在这里韦
尔南告诉了我们他对to kratos的解释：虽然支配（kratein）首先表示
一种统治的含义，但在阿那克西曼德的宇宙论中它还指一种支撑和
平衡。它作为整体，作为一的存在，是最强大的。而确保不同存在
者的平等关系的方法唯有强加嵌合：

所以，阿派朗的法则无法与赫西俄德所说的宙斯施行的帝
制（monarchia）相提并论，也不同于气或水所施行的帝制，哲
学家们赋予了这些元素支配（kratein）整个宇宙的权力。阿派

124　韦尔南，《古希腊人的神话与社会》，第95页。

125　韦尔南，《希腊人的神话与思想》，第229页。

朗是以习惯法的方式体现至高权力，对每个个体施加嵌合，把它们的力量限制在其领域之内……[126]

　　这一关系也体现在希腊城邦的发展中，广场（agora）位于城中 79心，形状是圆的，圆形是最完美的几何形式。广场就像大地一样位于中央，它带有一种对权力的几何式想象：权力不属于任何单个的存在者，比如宙斯，而是属于所有存在者的。阿那克西曼德之后一个世纪的建筑师希波达摩斯重建了被毁坏的米莱特斯城，他依据此想法所做的规划意在将城市空间理性化，城市空间就像一块棋盘，"围绕着开放的广场空间"。[127]

　　海德格尔把技术的原初含义与存在的嵌合联系起来理解，韦尔南则分析了社会结构与几何之间的关联。将两人的理解综合起来表明了几何同时是技术与正义的基础——我们应该记得，在泰勒斯学派里，几何是至关重要的训练。卡恩提醒我们，对阿那克西曼德和毕达哥拉斯来说，"几何的观念印在更大的人类和宇宙的图景中"。[128] 这一嵌合并非现成的，而只有在存在的威临一切和技艺的暴力相互冲突时才显现。那么，我们能否认为，海德格尔回到原初

126　韦尔南，《希腊人的神话与思想》，第231页。

127　同上，第207页。

128　卡恩，《阿那克西曼德和希腊宇宙论的起源》，第97页。

的技艺是在探索古希腊宇宙技术的精神？[129]

§9　天与和谐

　　与此不同的是，中国思想中没有关于人的"最莽劲森然者"的概念，没有技艺的暴力，也没有存在的威临一切，我们看到的是和谐——然而应该说，对中国人而言，这种嵌合存在于人与其他宇宙存在者之间的另一种关系中，它基于感应而非战争（polemos）和争执（eris）。这种感应的本质是什么？在《诗经》中（作于公元前11世纪至公元前7世纪间），我们已经能看到日食和周幽王时期（781—771 BC）的昏庸之间的联系。[130]《左传》（400 BC）是对古代中国编年史《春秋》的评论，其中《隐公》一章也描述了日食和皇帝驾崩的关系。[131]《淮南子》（125 BC）据说是淮南王刘安所著，意在定义社会政治秩序，我们能从中看到很多基于自然的道

129　回顾一下，海德格尔在1950年的论文《物》（"Das Ding"）里似乎已经明确了这一点：海德格尔提出要从四方域，天、地、神、人，来理解物。在这里不得不提到莱因哈特·梅耶（Reinhard May），在他的《东方之光：受东亚影响的海德格尔（*Ex Oriente Lux: Heidegger Werk unter Ostasiatischem Einfluss*）（Wiesbaden: Franz Steiner Verlag, 1989）中提出，海德格尔在《物》里阐述的概念空（Leere）源自《道德经》第十一章。如果真的可以这么讲，那么海德格尔向宇宙技术的"转向"就更加明显了。对海德格尔与道家的关联的进一步思考，请参考马琳（M. Lin），《海德格尔论东西对话：期待事件》（*Heidegger on West-East Dialogue: Anticipating the Event*）（New York and London: Routledge, 2008）。

130　《诗经·小雅·十月之交》："十月之交，朔月辛卯。日有食之，亦孔之丑。彼月而微，此日而微。今此下民，亦孔之哀。"（《诗经》）

131　"三年，春，王二月，己巳，日有食之。三月，庚戌，天王崩。"《左传·隐公三年》。

（表现于天）和人之间的关联的例子。很多作者都解释过，天在古代中国同时被理解为人格化的天和自然的天。在儒家和道家的学说中，天并非上帝，而是一种道德存在。星、风和其他自然现象是天理（reasons of Heaven）的指示，天理是客观性、普遍性的体现，而人的行为必须符合这些原则。

这一自然的概念同样影响了对时间的思考。葛兰言与于连都指出，应该把中国对时间的表达理解为季节性的，即天的变化的指示，而非线性的或机械的。下面的例子来自《淮南子·天文训》，其中描写的一年中不同种类的风是不同政治、社会、智识行为的指示，包括献祭和处决罪犯：

何谓八风？距日冬至四十五日，条风至；条风至四十五日，明庶风至；明庶风至四十五日，清明风至；清明风至四十五日，景风至；景风至四十五日，凉风至；凉风至四十五日，阊阖风至；阊阖风至四十五日，不周风至；不周风至四十五日，广莫风至。条风至，则出轻系，去稽留；明庶风至，则正封疆，修田畴；清明风至，则出币帛，使诸侯；景风至，则爵有位，赏有功；凉风至，则报地德，祀四郊；阊阖风至，则收悬垂，琴瑟不张；不周风至，则修宫室，缮边城；广莫风至，则闭关梁，决刑罚。[132]

82

132　《淮南子》（*Huainanzi*），第3章第12段。

83　　　　我们在《淮南子》的整个论述背后看到的是天人感应的概念，尤其体现在《时则训》《览冥训》中。此天人共鸣的概念是真实的，并非观念上的或纯粹主观的，也不仅仅是迹象或预兆的问题。琴瑟最能体现这种关系性，两种乐器共鸣产生和谐。儒家认为，天与人的共鸣不是纯粹主观的，而是客观具体的，就像这些乐器的共鸣一样。

　　　　天与人的共鸣被汉儒进一步阐释，用来将权力与儒家学说合法化。根据历史研究，《淮南子》成书的时代，道家与儒家都衰落了，染上了某种迷信的思考方式[133]——意思是这些学派开始依赖超感官的神秘力量。这有时有悖于儒家学说，例如黄老道，它是道家与阴阳学派的结合，几乎变为一种教派。在这个语境下，最有影响力的汉儒董仲舒（179—104 BC）提出了"天人感应"的概念。[134]

84　董仲舒的贡献产生了争议，一方面，他使儒家学说成为中国政治思想甚至文化的原则，在他身后造成巨大影响；另一方面，许多历史学家批评他将阴阳、五行的迷信思想引入儒家，将其从对人性或心性的论述转变成一套关于天的法则的话语，有效地为皇帝行使政治意志提供权力。[135] 事实上，董仲舒理解天与道德秩序的方式与《淮

133　劳思光，《新编中国哲学史》第二册，桂林：广西师范大学出版社，2005，第12–24页。

134　胡适（1891—1962）在《中国哲学史大纲》中说天人感应的概念是墨家而非儒家发明的，上海：上海古籍出版社，1997，尽管这个概念是汉儒的主要理论工具；许地山（1893—1941）在《道教史》中进一步指出道家也采用了这个概念，香港：中和出版，2012年，第288页。

135　劳思光，《新编中国哲学史》第二册，第16页。劳思光（1927—2012）指出汉儒的退化是不可否认的。

南子》相似。阴、阳被分别解作道德的善和惩罚，并对应着夏季与冬季。即便很多历史学家认为董仲舒对儒家的解读不是正统的，认为他的理论服务于封建主义，但他所理解的天与人的关系并非没有根据。庄子、老子等早期经典就已暗示过这种关系，它的权力来自一种对自然的道德宇宙论式观点——天人合一。我们从董仲舒给皇帝的谏言中可以更好地理解这一点：

> 然则王者欲有所为，宜求其端於天。天道之大者在阴阳。阳为德，阴为刑；刑主杀而德主生。是故阳常居大夏，而以生育养长为事；阴常居大冬，而积於空虚不用之处……[136]

85

如海德格尔所说，希腊早期的思想家是通过人与自然间的冲突来尝试理解嵌合问题，而希腊统治者则试图施加嵌合来解决人的失度，我们在古希腊悲剧中能看到这种精神。与此不同，中国古人似乎赋予宇宙一种深奥的道德，它表现为一种和谐，政治、社会生活都必须依从它。而皇帝正是天与民的中介：他必须研读典籍、不断自我反省（通过与他者产生共鸣）来培养自己的德性，从而让事物各就其位，利于天也利于民：[137]

> 臣闻天者群物之祖也……故圣人法天而立道，亦溥爱而亡

136　劳思光，《新编中国哲学史》第二册，第27页。

137　这一点不仅对儒家有效，对道家亦然，《庄子》（参看"天地篇"）中清楚地论述过，《道德经》更是被视为帝王术。

86

私……春者天之所以生也，仁者君之所以爱也；夏者天之所以
长也，德者君之所以养也；霜者天之所以杀也，刑者君之所以
罚也。由此言之，天人之征，古今之道也。[138]

宇宙论的儒家在汉代（206 BC—220 CE）末衰落有多种原因，
据说最重要的原因是自然灾害。宇宙秩序与道德秩序的对等意味
着，宇宙层面的失序立刻暗示了道德上的失序，而在那个时期有大
量的自然灾害，并且太阳黑子活动频繁。所有这些自然现象都让人
质疑宇宙论的儒家，从而破坏了它的公信力。历史学家金观涛和刘
青峰指出，宇宙论的儒家衰败后，取而代之的是老庄关于自然与自
由的思想，强调"无为"。[139] 这一将儒道统一的思想被称为魏晋
玄学。玄学在今天不幸被贬为一种介于西方意义上的形而上学与迷
信之间的思想。后文（§16.1）我们将看到玄学一词被用来贬低那
些拥抱柏格森和鲁道夫·倭铿（Rudolf Eucken）的思想的中国知

87 识分子。需要强调的是，虽然宇宙论的儒家衰落了，但天与道德之
间的关系依旧重要。法国的重农主义者弗朗索瓦·魁奈（François
Quesnay）在1767年的论文《中华帝国的专制制度》（"Despotism
of China"）中写道，在1725年的灾害发生后，皇帝向天承认，
罪过在他自己而非人民。因为他的德行"不足"，他应该受到惩

138　劳思光，《新编中国哲学史》第二册，第27页。

139　金观涛、刘青峰，《中国思想史十讲》，北京：法律出版社，2015年，第126页。

罚。[140] 的确，这种形式的治理在今天依旧。

董仲舒因把道家和阴阳家吸收进儒家而遭到猛烈抨击，被视为"原始"儒家学说的堕落，即便如此，宇宙和道德的统一在整个中国哲学史中依然继续受到肯定。对我们来说，把自然现象与帝王的行为或帝国兴衰联系起来近乎迷信，然而值得强调的是这种态度背后的精神，它在董仲舒之后一直延续，远远超出了人们能想象的简单联系，比如将日食次数与帝国的灾难数对应。道德与宇宙秩序的同一的合法性并不源于这些联系有多精确，而是来自一种信念，即确信天人之间有一种统一，可以把它视为某种自身感发（auto-affection）。[141] 这意味着，在中国哲学中宇宙与道德是不可分割的。在这个问题上，牟宗三对董仲舒的批判深刻而有启发性。在《中国哲学十九讲》中牟宗三指出，董仲舒的思想是一种宇宙中心主义（cosmocentrism），因为董仲舒认为宇宙是先于道德的，所以宇宙成了对道德的解释。[142] 牟宗三的批判无疑是合理的，然而将道德置于宇宙之前就更符合逻辑吗？只有当人已经在世界之中，（in-the-world），道德才能建立。而且在世界中存在（being in-the-world）只有在关于天的宇宙论或原则的在场中才能获得其深刻含义，否则它有可能就只是似于雅各布·冯·尤克斯奎尔（Jakob

88

140　参看弗朗索瓦·魁奈（François Quesnay），《弗朗索瓦·魁奈经济和哲学论集》*Œuvres économiques et philosophiques de F. Quesnay: fondateur du système physi-ocratique*（Paris: Peelman, 1888），第563–660页。

141　当然，这是以帝王的合法性为前提的。在这里我们从这个语境里抽离出来，要处理的是作为一个存有论问题的宇宙和道德的统一。

142　牟宗三：《中国哲学十九讲》，上海：古籍出版社，2005年，第61页。

von Uexküll）所描述的动物式–环境（Umwelt）的关系。牟宗三在几页之后断言，在《中庸》和《易传》里，"宇宙秩序就是道德秩序"。[143] 在牟宗三对整个宋明理学传统的解释中，宇宙秩序和道德秩序的统一始终是核心。尽管（§18）因为他想通过康德来统摄东西哲学，所以把心设定为绝对的开端。需要强调的是，宇宙和道德的统一正是古代中国哲学的特点，晚唐开始出现的理学又进一步发展了这个统一。

89

§10 道与器：美德对比自由

在中国思想中，道高于任何技术式的和器具式的思想，道的目的是超越技术物的局限——也就是让它们由道所引导。相反，古希腊人的技艺概念是相当器具性的，技艺是达到目的的手段，这至少是亚里士多德派的观点。柏拉图的观点则更加复杂，古典学者们仍在争论，在柏拉图的对话中，技艺在道德、伦理生活中有何意义。技艺一词源自印欧词根tek，tek的意思是"把房屋的木构件拼合起来"。[144] 对前苏格拉底哲学家来说，技艺的含义最接近这个词根，如海尼曼所说，"每种技艺都与非常确切（bestimmte）的

90

---

143 牟宗三：《中国哲学十九讲》，上海：古籍出版社，2005年，第65页。

144 T. 安吉尔（T. Angier），《亚里士多德的伦理学中的技艺：打造道德生活》（*Technē in Aristotle's Ethics. Crafting the Moral Life*）（London and New York: Continuum, 2012），第3页。

任务和成果相关"。[145] 乔戈·库比（Jörg Kube）指出，在荷马时代，技艺一词只与神赫菲斯托斯或木工有关，与其他工作都无关，这可能是由于其他实践，比如医疗、算命、演奏音乐都还未成为独立职业。[146] 在柏拉图的表述中我们发现这个词的词义发生了重大变化，变得非常接近另一个词"aretē"，它泛指"卓越"，特指"美德"。[147] 韦尔南评注道，"aretē"一词的词义从梭伦（640—558 BC）时代就一直变化，在贵族的环境里，它与战士有关，在宗教环境里它又转变为节制的概念：通过长期的苦修（askēsis），克制了贪心（koros）、过度（hybris）和贪婪（pleonexia）这三种愚行而获得的正确行为。"人类宇宙"［城邦（polis）］被视为一个和谐的统一体，其中的个体的美德（aretē）是节制（sōphrosynē），而嵌合是一切的法则。[148] 韦尔南说，"梭伦时代，嵌合与节制从

145　F. 海尼曼（F. Heinimann），《前柏拉图的技艺理论》（*Eine Vorplatonische Theorie der τεχνη*），《海尔维第博物馆》（*Museum Helveticum*）18:3（1961），106；由安吉尔引用，《亚里士多德的伦理学中的技艺》，第3页。

146　J. 库比，《技艺与至善：智者与柏拉图的美德知识》（*TEXNH und APETH: Sophistisches und Platonisches Tugendwissen*）（Berlin: De Gruyter, 1969），第14—15页。在《伊利亚特》中，帕里斯把赫克托耳的心脏比作木匠的斧头，木匠运用"技艺"伐木做成船的梁；鲁尼克（David Roochnik）［《论艺术和智慧》（*Of Art and Wisdom*），第23页］进一步指出，在《奥德赛》中可以看到，技艺一词派生出两个词，*Technēssai*（费阿夏女子善于编织）和*Technēenetēs*（奥德赛高超的行船技术）。

147　L. 布里松（L. Brisson），《技艺不是生产性的手艺》（*Technē is Not Productive Craft*），该文为A. 巴兰萨德（A. Balansard）《柏拉图对话中的技艺》（*Technē dans les dialogues de Platon*）的序言（Sankt Augustin: Academia Verlag, 2001），XI。

148　J-P. 韦尔南，《希腊思想的起源》（*Les origines de la pensée grecque*）（Pans: PUF，1962），第92—93页。

天而降，置入广场之中"。[149] 美德-技艺是柏拉图寻求的一切技艺之技艺的核心，它可以通过教学而获得，而嵌合则是一切美德之美德。[150] 每项技艺都是应对偶然（tychē）和制造过程中突发问题的，如安提丰所说："我们用技艺来克服自然对我们的挫败。"[151] 这一主题在柏拉图对话中多次出现。最明显的是在《普罗泰戈拉篇》里，苏格拉底赞扬普罗米修斯这个形象，赞同普罗泰戈拉所说的，要约束享乐和消除偶然，度量（metrētikē technē）是必不可少的。[152] 在《高尔吉亚篇》里，波卢斯说，"经验指引着我们走上技艺之路，而缺乏经验就只能在偶然性的道路上摸索"。[153] 宇宙（秩序）和几何的关系在《高尔吉亚篇》的后几段中更加清晰，苏格拉底告诉卡里克勒，据研习几何的聪明人说：

> 天与地、神与人，都是通过同仁、友谊、秩序、节制、正义而联系在一起的。我的朋友，由于这个原因，他们把宇宙称为世界秩序……你不明白比例均衡对诸神和凡人来说都是极为

149 J-P. 韦尔南，《希腊思想的起源》（Les origines de la pensée grecque）（Pans: PUF，1962），第96页。

150 佐尔，《对正义的柏拉图式理解：论希腊哲学中的狄克（正义）和迪凯娥斯涅（公义）》，第29页。

151 安吉尔，《亚里士多德的伦理学中的技艺》，第4页。

152 在《善的脆弱性》（The Fragility of Goodness）里纳斯鲍姆（Martha C. Nussbaum）说，这种消除偶然（tychē）的欲望导致希腊悲剧衰落。这一论述与尼采的《悲剧的诞生》有共鸣，尼采说苏格拉底引入理性这种日神式的度量，加速了酒神精神的衰落。

153 柏拉图，《高尔吉亚篇》，《全集》（Complete Works），448c。

重要的，你认为我们应该去争取过度的份额，因为你忽视了几何学。[154]

《蒂迈欧篇》也是如此，宇宙是"靠理性的解释（logōi），也就是靠实践智慧（phronēsis）来把握的一件手工制品（dedē-miourgētai）"。[155] 柏拉图不断寻找的正是一种正义（dikē, dikaio-synē）的技艺，一种对自我、对共同体都恰当的理性。因此，这是一种一切技艺之技艺，而非仅仅是诸技艺中的一种。

所以对古希腊人来说，技艺意味着一种能实现恰当目的与结果的生产（poiētikē）。在柏拉图的《斐德罗篇》中我们得以了解技艺（technai）和技巧（technēmata）的分别，后者的意思是简单的"技术"：一个靠改变体温治愈病人的医生，是一个掌握技艺的人，只能导致无关痛痒的或消极变化的人则"体现不出技艺"。[156] 技艺的目标是善，它不是被直接赋予的，不是天赋也不是神力所赐（比如诗歌），而是需要被掌握的东西。在《理想国》第二卷（374d-e）里，苏格拉底着重提到：

　　　　不……如果不懂如何使用工具，没有足够的练习，没有人能够一拿起它就成为行家里手（dēmiourgos）……那么我们的

92

154　柏拉图，《高尔吉亚篇》，《全集》（*Complete Works*），508a。

155　柏拉图，《蒂迈欧篇》，《全集》，29a；安吉尔引用，《亚里士多德的伦理学中的技艺》，第18—19页。

156　柏拉图，《斐德罗篇》，《全集》，268b-c。

卫士所负责的产品（ergon）最为重大……那需要……的技艺也最多。[157]

　　更需进一步讨论的是技艺与美德的关系，这不仅在解释柏拉图和亚里士多德时很重要，也能让我们对古典希腊哲学所传下来的技术问题有全面的理解。如今这两者的关系仍然是古典学者争论的重点。在这里我只想做一个概述而不是要加入这场争论。的确，从这个"什么不是技艺？"问题入手也许会更加有趣。韦尔南区分了技艺和实践（praxis），这一区分可以说是延续了《卡尔米德篇》中克里底亚挑战苏格拉底时的逻辑。克里底亚说技艺作为一种生产（poeisis）总是有其产出（ergon），而实践的目的则在自身之内。[158] 这个结论值得商榷，但确实指出了柏拉图的技艺概念的复杂性。比如，智者同样具备技艺，但那不是一种生产（poiētikē）的技艺，而是获取（ktētikē）的技艺。[159] 另一个与技艺相对的东西是empeiria，通常译作"经验"，因为它受制于幻觉与谬误。从另一个角度，诗歌也不是技艺，因为一个好诗人并不算是一个真正的作家，而是一条传递神力（thēia moira）的通道。[160] 由此可见，如诺斯鲍姆（Martha Nussbaum）所说，技艺与非技艺间的诸多分别的共同点在于技艺的目的是克服偶然，守护秩序、匀称，就像《蒂迈

93

157　安吉尔引用，《亚里士多德的伦理学中的技艺》，第31页。

158　巴兰萨德，《柏拉图对话中的技艺》，第6页。

159　同上，第78页。

160　同上，第119页。

欧篇》中的造物主（dēmiourgos）一样。那么，它如何关联起美德呢？简洁起见，我把技艺与美德的关系总结如下：

把美德比作技术：在不同的对话中，苏格拉底试图建立技艺与美德的比拟，《拉凯斯篇》中的勇气，《卡尔米德篇》中的节制，《欧绪弗洛篇》中的虔敬，《理想国》中的正义，《欧绪德谟篇》中的智慧。[161] 然而，在《卡尔米德篇》中，克里底亚反对苏格拉底把节制（sōphrosynē）和其他技艺类比，比如医疗或石工，因为节制与计算和几何一样没有产出（ergon），而医疗的目的是康复，石工的目的是房屋。[162]

94

美德是技艺的目的：这一点并不是很明显，虽然苏格拉底多次把医疗当作技艺的典型，但在其他场合技艺被认为是中性的（不必然好或坏）。在《高尔吉亚篇》的一个段落里，这一点似乎昭然若揭，苏格拉底回答波卢斯说，烹饪不是一种技艺，烹调知识只是满足偏好和享乐。[163] 理由是烹饪是一种"伪医疗"，因为"它追求快乐而非身体健康"。[164]

美德作为技艺：鲁尼克（David Roochnik）说，这种关系在柏拉图中期的写作里变得明显，比如在《理想国》第二到第十卷中，[165] 正义被当作哲学的技艺，是一种对比例的判断，就像《蒂

161　鲁尼克，《论艺术和智慧》，第89–177页。

162　柏拉图，《卡尔米德篇》，《全集》，165e3–166a1。

163　柏拉图，《高尔吉亚篇》，《全集》，462d8–e1。

164　巴兰萨德，《柏拉图对话中的技艺》，第139页。

165　鲁尼克，《论艺术和智慧》，第133页。

迈欧篇》开头所提到的——而在神话中，宙斯看到普罗米修斯带给人的技艺是不完备的，就派敬重（爱多斯）和正义（狄克）到人类那里，充当政治（politikē）技艺。[166]

95 亚里士多德在《尼各马可伦理学》第六卷里对知识做分类时，把这种技艺-美德的关联拆开了。一些文献学家称，在柏拉图的时代，没有对知识（epistēmē）与技艺的系统性或一般性的区分。因为技艺不必然有产出，而知识在某些情况下可以算作某种形式的技艺。[167]与此相反，在亚里士多德的《尼各马可伦理学》中技艺与知识被严格划分开，知识（epistēmē）事关恒常的知识（knowledge），技艺还与实践智慧区分，其原因十分明晰，即技艺有产出，而实践没有。亚里士多德强调了这个分别：制作（poiēton）不同于行动（praktikon）……它们也不互相包含。[168]技艺在这个上下文中，通常被翻译为"艺术"，是一种生产形式，某物由此被制成，这意味着对抗一切别的可能性，也就是对抗偶然性。亚里士多德引用阿加松（Agathon）的话说："技艺爱着偶

---

166 巴兰萨德，《柏拉图对话中的技艺》，第93页.

167 纳斯鲍姆，《善的脆弱性》，第94页："从我自己的工作和古希腊语言学家们的共识出发，至少在柏拉图时代，没有对知识与技艺的系统性或一般性的区分。甚至在亚里士多德针对这一主题的某些最重要的写作中，这两个术语都是可以互换的。"海德格尔，《论技术问题》，第13页："从早期直到柏拉图时代，技艺一词就与知识一词交织在一起。这两个词乃是表示最广义的认识的名称。它们指的是对某物的彻底熟识，对某物的理解与精通。这种认识给出启发。具有启发作用的认识乃是一种解蔽。"

168 亚里士多德，《尼各马可伦理学》，《亚里士多德基础著作》（The Basic Works of Aristotle）（New York: Modern Library, 2001），第1025页（1140a）。

然，偶然爱着技艺。"[169] 值得指出的是，无论把技艺视为一种制作
过程还是一种实践形式，它都是一种担保，是臻于aretē一词所说的
卓越和美德的手段。海德格尔在1924年至1925年讲授的《尼各马可
伦理学》第六卷的评述以《柏拉图的智者》为名出版，成书有两百
余页。海德格尔打乱了其中规整的分类，他依照柏拉图强调，技艺
并非"生产"或"制作"，而是"洞察"与"把握本质"，把握所
研究的或要到来的事物的本质。海德格尔说：

96

> 掌握技艺的人，即便他缺乏手工劳作的实践技巧，也是受
> 人羡慕的，这正是因为他能洞察本质。他在实践上可能失败，
> 因为实践考虑的是特殊者，而技艺考虑普遍者。尽管在实践上
> 有缺陷，掌握技艺的人依然更受尊敬，被认为是更智慧的：因
> 为他善于洞察事物。[170]

海德格尔进而指出，在第六卷的同一段落里，智慧（sophia）
指的是技艺的卓越（aretē），[171] 而哲学正是要追求这种卓越。在这
里，海德格尔已不再严格依照亚里士多德的分类，转而参照柏拉图

169　亚里士多德，《尼各马可伦理学》，《亚里士多德基础著作》（*The Basic Works of Aristotle*）（New York: Modern Library, 2001），1140a20。

170　海德格尔，《柏拉图的智者》（*Plato's Sophist*）（Bloomington, IN: Indiana University Press），第52页；R. 罗谢维兹（R. Rojcewicz）引用，《诸神与技术：海德格尔读本》（*The Gods and Technology: A Reading of Heidegger*）（New York: State University of New York Press. 2006），第63–64页。

171　海德格尔，《柏拉图的智者》，第39页。

所说的技艺。海德格尔在这里结合了柏拉图和亚里士多德，意在说明无论把技艺视为一种制作过程还是一种实践形式，它都是一种担保，是臻于aretē一词所说的卓越和美德的手段。

依照这一对柏拉图和亚里士多德的技艺概念的概括，我们现在必须进入海德格尔对他们的形而上学的解读，即一种下沉（Abfall）和堕落（Absturz）。[172] 假使希腊早期思想家们，巴门尼德、赫拉克利特、阿那克西曼德真如海德格尔所说是原初的（anfänglicher）思想家，也就是说他们思考开端而非在场，假使对他们来说存在与存在者没有显著的分别，那么海德格尔就在柏拉图和亚里士多德那里找到了一条从前形而上学到形而上学的通道，它把形而上学的历史塑造成了存有神学（ontotheology）的历史。这一形而上学，起于柏拉图和亚里士多德，终于黑格尔和尼采，[173] 它最终导致了现代科技的本质——集置。美国的海德格尔学者齐美曼（Michael Zimmerman）称之为"生产主义的形而上学"，[174] 因为这一形而上学从一开始就涉及生产或技术物，并以"谋制"（Machenschaft）和集置为终点。存在神学包含两个问题：首先，什么是存有者（存有论）？其次，什么是最高的存有者（神学）？

---

172 博姆，《思想与技术》，第202页。

173 巴克曼，《纠结的在场》，第13页。

174 M. E. 齐美曼，《海德格尔与现代性的冲突：技术、政治和艺术》（*Heidegger's Confrontation with Modernity: Technology, Politics, and Art*）（Indianapolis: Indiana University Press, 1990），第3页。"他（海德格尔）相信，当希腊人把一个存在者的存在（to be）归结为被生产出来（to be produced）"，他们就开启了"生产主义形而上学"。虽然对海德格尔来说，他们所说的"生产"和"制作"还与工业科技意义上的生产过程不同，但希腊人对存在者的存在的理解最终导致了现代科技。

柏拉图的善的理型（hē tou agathou idea）开启了这种存有神学式开端，因为善"使人理解可理解者"，并且"赋予所知以真理／敞开，赋予能知以知晓的能力"。[175] 它意味着靠将多归于一、归于理型（idea），从而确定本质（ousia）。在这个意义上，"理型"也就是"善"，因为理型是一切的原因，亚里士多德称之为神（to theion）：[176]

> 自从存在被阐明为理型，对存在者之存在的思考就是形而上学的了，而形而上学就是神学的。神学在此意味着：把存在者之"原因"解释为神，并且把存在重新安置于这种原因中，后者于自身之中包含着存在，并且把存在从自身中释放出来，因为它乃是诸存在者中最具存在性者（Seiendeste）。[177]

98

存有神学在新柏拉图形而上学和基督教哲学中进一步发展，最终导致对存在的遗忘和遗弃——持留物的时代。[178] 中国显然没有存有神学、生产主义形而上学的历史，而且我们在中国的宇宙技术中确实看到了一种不同的技术与美德的关系，不同的"共-属"或"聚集"形式，与海德格尔所向往的形式不同，它建立在道德和宇

175　巴克曼，《纠结的在场》，第37页。

176　M.海德格尔，《全集，6.2，路标》（*GA 6.2 Wegmarken*），（Frankfurt am Main: Klostermann, 1996），第235页。

177　同上，第235–236页；巴克曼引用，《纠结的在场》，第43–44页。

178　巴克曼，《纠结的在场》，第55页。

宙意识所引导的"有机形式"之上。在细致解释这个概念前，我要先回到器、道这对中国哲学的基本范畴的关系上。前文已经谈到器的意思是"工具"，但事实上有三个不同的汉字在日常使用（尤其是现代汉语）中没有明确的区分：

机——主发谓之机。从木，几声。

器——皿也。象器之口，犬所以守之。

械——桎梏也。从木，戒声。一曰器之总名。一曰持也。

99   一曰有盛为械，无盛为器。[179]

两个不同的合成词，机器、机械，都指机器，两个词可互换。甚至在古代词源学（《说文解字》）中，这几个字也有含混的地方：比如在器的条目中，我们看到它指容器；在械的条目里，器是械的同义字。从器的字形来看，四个口或孔洞围着一个"犬"，我们能看出器暗含了一个虚拟的空间形式。而械的字形，左边是一个木，既指实际的物质工具，也与酷刑的器械有关。器的字形，四个方框中间一个犬，似乎这条狗在监视这块空间，看守这些容器。四个方框也是"口"的符号，或与生存（饮食）有关。机的意思更加直白，它毫不含糊地指机械：触发某物，使之待发。

器的空间形式是技术性的，它将空间聚合在一起。《易经》的注解《系辞》中提到"形而上者谓之道，形而下者谓之器"，在

---

179 许慎，《说文解字》。

同一篇章里，又写到"见乃谓之象，形乃谓之器"。必须注意，英文单词"metaphysical"通常被译作形而上（形之上）。形而上学（metaphysics）则是对"metaphysical"的研究。道产生形式和现象，它高于形式和现象，是更高级别的存在。然而，道并非17世纪欧洲所理解的"自然法则"，它更像是某种无法把握、无法知晓的东西。注疏家郑玄（127—200）把对《老子》的理解与《易经》结合起来："天地本无形，而得有形，则有形生于无形矣。故《系辞》曰'形而上者谓之道'。"[180] 器也指容器、载体，这不仅是物理的，也指性格和器量。在《论语》里有"君子不器"一说，君子是儒家的理想人格。这句话通常被英译作"the gentleman is not a utensil（君子不是用具）"，[181] 意思是君子不将自己局限于任何特殊目的，也可理解为君子宽宏大量、没有局限。在这个意义上，器指局限，是依着无限的道而存在的有限的存在者。

　　通过处理道和器的关系，我们希望能重构中国的技术哲学。这一关系与先前讨论的技艺－美德关系有细微的相似处，但还是有巨大差异，因为它展现了另一种非常不同的宇宙技术。这一宇宙技术基于宇宙和道德的有机交流，进而寻求一种和谐。中国的技术哲学家李三虎在著作《重申传统：一种整体论的比较技术哲学研究》[182]

180　吴述霖，周易"形而上、下"命题解析，《人文》，2006年第150期，http://www.hkshp.org/humanities/ph150-03.htm。

181　孔子，《论语》（*The Analects of Confucius*），B. 沃森译（New York: Columbia University Press, 2007），第21页。

182　李三虎：《重申传统：一种整体论的比较技术哲学研究》，北京：中国社会科学出版社，2008年。

101　中呼吁返回关于器道的论述，毫不夸张地说，李三虎的著作是寻求真正的中西技术思想交流的尝试。李三虎试图指出，从器的原初的（拓扑的和空间的）含义看，它是通向道的开口，并且指出中国技术思想包含一种器道合一的整体论。因而器和道这两个基本的哲学范畴是不可分割的：道需要器来承载，从而显现出可感的形式；器依靠道才能变得完善（在道家的意义上）或神圣（在儒家的意义上），因为道剥除了对器的限定。然而我们必须比李先生更批判性地处理这一命题，同时更进一步地阐释这种理解对当前哲学以及政治的重要性。

§10.1　道家思想中的器与道：庖丁的刀

　　对柏拉图来说，技艺-美德根本上事关度量，是运用理性来寻求某种形式，从而让城邦的自我管理和治理得以可能。然而在《庄子》中，作为技术的道是一种摒除了度量的终极知识，因为道是自然的。道家渴望自然，把自然视为最高级的知识，即无为。相应地，道家的治理原则是无为之治，意思是不进行干预地治理。这种态度无所谓悲观或乐观，相反它任事物存在，给事物按自身的方式发展的空间，以期诸存在者能充分实现自身和自身的潜能——这是郭象（252—312）注《庄子》时所强调的重点。[183] 同属魏晋时期的

102　王弼为《易经》和《道德经》做注，他相信无是道的根本，而郭象

183　劳思光引用，《新编中国哲学史》第2册，第147页，"无为者，非拱默之谓也，直各任其自为，则性命安矣"。

批评说这种有无对立是无效的，因为存在不能出自虚无，单一存在也无法产生一切存在者。他提出要从自然的角度理解道的基础——要遵照宇宙的法则，不做不必要的干预。[184]

为了更好地理解道家宇宙技术的本质，我们要谈到《庄子》中屠夫庖丁的故事。庖丁善于解牛，但他说，关键不在于掌握屠宰技巧，而在于理解道。文惠王问庖丁什么是解牛之道，庖丁回答仅仅靠好刀是不够的；更重要的是理解体现在牛之中的道，进而用刀时就不会与牛骨、牛肉冲撞，而是在骨肉的间隙中穿梭。在这里，"道"的字面含义，也就是"道路""路径"，与它的形而上含义相融了：

> 臣之所好者，道也，进乎技矣。始臣之解牛之时，所见无非全牛者；三年之后，未尝见全牛也。方今之时，臣以神遇而不以目视，官知止而神欲行。依乎天理，批大郤，导大窾，因其固然。技经肯綮之未尝，而况大軱乎！[185]

103

所以庖丁总结说，优秀的屠夫不依靠他所掌握的技术物，而是依从道，道比器（工具）更加根本。庖丁还说，一个好屠夫每年换一次刀，因为他用刀割肉；差屠夫每个月都要换刀，因为他直接用刀剁骨，而庖丁的刀十九年没更换过，看上去还像刚刚磨过一样。

184　金观涛、刘青峰：《中国思想史十讲》，第149页，"无即无矣，则不能生有"，"岂有之所能有乎？"

185　《庄子》（双语版），长沙：湖南人民出版社，2004，第44—45页。

无论碰到什么困难，庖丁都缓缓动刀，找准关键位置下手。

提问者文惠王听后说道："吾闻庖丁之言，得养生焉。"的确，这个故事就在《养生主》一节中。而且，这个故事的核心并非技术问题，而是"养生"问题。假如说这个故事包含了某种"技术"概念，那就是一个摆脱了技术物的概念。虽然技术物并非无足轻重，但通过完善工具或技巧并不能达到技术的完善，相反必须依靠道来达成。当依照工具理性来使用刀具，例如发挥它砍和切的功能时，那么刀只表现了它的存在的较低层面。然而当刀受道的引导，它就被"剥除"了铁匠施加给它的功能限定，从而变得完美。每个工具都服从于技术的、社会的限定，被赋予专门功能——比如厨刀的技术限定是刀刃锋利，社会限定是用于烹饪。"剥除"的意思是，庖丁不利用那些有目的地内置于刀的特性——锋利的特性用于切或砍——而是赋予它一种新的用途，从而彻底实现它的潜能（锋利）。庖丁的刀从不切入肉，更不会直接撞击骨头。相反，它寻找空隙进入。所以这把刀完成了屠宰任务，却不伤及自身，不会变钝，不需更换，从而它完满地把自身实现为一把刀。

所以养生的知识由两部分构成：理解生命的一般原则，同时解除功能限定。这就是中国技术思想的最高原则之一。然而我们还要留意，道不仅是存在的原则，还是存在（to be）的自由。在这个关于道的特殊概念里，道也可能无法引导技术趋向完善，道甚至可能被技术扰乱而堕落。我们在《庄子·天下篇》中的一个故事里看到了这种隐忧，子贡（与孔子的一位从商的学生同名）遇到一个徒手打水浇地的老者。看到老者"力甚多而见功寡"，子贡说道：

104

"有械于此，一日浸百畦，用力甚寡而见功多，夫子不 105
欲乎？"为圃者卬而视之曰："奈何？"曰："凿木为机，后
重前轻，挈水若抽，数如泆汤，其名为槔。"为圃者忿然作色
而笑曰："吾闻之吾师，有机械者必有机事，有机事者必有机
心。机心存于胸中，则纯白不备；纯白不备，则神生不定；神
生不定者，道之所不载也。吾非不知，羞而不为也。"子贡
瞒然惭，俯而不对。有间，为圃者曰："子奚为者邪？"曰：
"孔丘之徒也。"[186]

此段描述了一场孔子学生与庄子学生的戏剧性邂逅，从中可以
读出对孔子的嘲笑，孔子忙于政务，似乎正是那个"纯白不备"的
人。机器在此处被视为诡计，误导"纯白"偏向繁复的那些设备势
必破坏某种生活形式。机器要求一种推理形式，会使得道偏离自身 106
的纯粹形式，从而导致焦虑。机心通常英译作"machine heart"，
这种译法值得商榷，译作"calculative mind"（计算的思维）更准
确。老者申明他知道有那种机器，他的老师也知道，但他们都耻于
使用它，拒绝使用它。通过这个故事，庄子提出人应该避免发展出
对生命的推理，否则会迷失道路，进而丧失自由。如果人总是像机
器一样思考，人就会发展出机械式的推理。

总结这一小节，我们必须承认《斐德罗篇》里有两个段落与
《庄子》中这两个故事十分类似，但同时又有重要差异。柏拉图提

186　庄子，《庄子全集》，第90–91页。

到了一种好比庖丁解牛的技艺：苏格拉底用两段发言反驳了吕西亚斯的观点"接受不爱你的人比接受爱你的人更好"[187]，之后苏格拉底评价了修辞技艺。他对斐德罗解释说，"系统的技艺"有两种形式：

> 头一个是把散落各处的事物看成一体，归入一类……（第二个）与第一个相反，是把同一类事物按不同的种切分开来，要顺应事物自然的关节，不破坏任何一部分，不要像笨拙的屠夫一样。[188]

107　　　苏格拉底在此强调需要了解事物的本质，就像医生了解身体的本质、修辞学家了解灵魂的本质一样。由于了解灵魂，修辞学家就能根据灵魂的不同种类挑选不同的词来指导灵魂。柏拉图认为，修辞和医疗等技艺必须了解事物的本质，否则就有可能仅仅成为"满足经验的拙劣实践"。[189]与此不同，庄子的故事更关心生活之道。养生并非挑战"困难"和"极限"，并非以有涯之生追求无涯之知，而是学习如何依循道而生活，对于屠夫而言，这就不仅仅是掌握解剖知识的问题。

　　柏拉图的第二个片段是苏格拉底讲的关于埃及神塞乌斯的著名故事，塞乌斯是数字、计算、几何学、天文学和书写的发明者。塞乌斯向埃及国王萨姆斯展示了他的技艺。当提到书写时，国王不同

187　柏拉图，《斐德罗篇》，《全集》，227c。

188　同上，266d-e。

189　同上，270b。

意塞乌斯的看法，认为书写的实际功能与塞乌斯所说的相反。书写并非帮助记忆，反而是促进遗忘。萨姆斯对塞乌斯说：

> 你给学生们提供的东西只是智慧的外表而非实质。你的发明会让他们在没有正确教导的情况下见识很多事情，他们自以为学识渊博，但通常他们实际上一无所知。[190]

这个故事当然就是德里达关于药学（pharmacology）的著名论点的灵感来源，[191] 他说技术同时是毒药和解药，贝尔纳·斯蒂格勒在此基础上进一步提出了政治规程。[192] 在这里我们需要强调萨姆斯对技术的批判与庄子的担忧之间的微妙差别。柏拉图想说的是，单靠阅读一个人可以知道很多事情，但不见得能把握事情的真理。比如看过关于游泳的书或视频不等于能学会游泳。这个论断的关键在于"记忆"或"回忆"（anamnesis）是真理的条件，而正是书写短路了回忆的过程。与此不同，庄子的论断更是对任何一种背离了道的计算的直接拒绝，通过这种拒绝，庄子不是要去肯定现实或真理，而是重申自由。

108

190　柏拉图，《斐德罗篇》，《全集》，275a-b。

191　J. 德里达，《柏拉图的药房》《播散》（*Dissemination*），B. 约翰逊（B. Johnson）译（Chicago: University of Chicago Press, 1981）：第63–171页。

192　参看B. 斯蒂格勒，《是什么让生活值得过：论药学》（*Ce qui fait que la vie vaut la peine d'être vécue: De la pharmacologie*）（Paris: Flammarion, 2010），以及《国民阵线的药学》（*Pharmacologie du Front National*）（Paris: Flammarion, 2013）。

§10.2 儒家思想中的器与道：礼的恢复

道家看来，器道合一体现在庖丁和他的刀之中。道引导着工具，因此对技术工具的完善也是对生活与存在的完善。然而在儒家的观点里我们发现了另一种对器的理解，它与道家的理解有别，尽管儒道对宇宙和生活形式的关切是共同的。儒家看来，器通常指仪式或礼所使用的器具。据语源学家段玉裁（1735—1815）的说法，"禮"字右侧的"豊"就是器；而且根据另一位语源学家王国维（1877—1927）的研究，"豊"的上半部分源于玉器的象形文字。[193] 在礼崩乐坏的时期，孔子的任务是恢复周礼。根据一种20世纪初期的唯物主义，礼的恢复等同于封建复辟。

礼（以及"仁"）是儒家学说的核心概念。礼有两个层面：首先，礼的形式含义是由礼器所显示的权力层级和仪式中所实施的各种献祭。在周代，礼器涉及具有不同功能的器物，有厨具、玉器、乐器、盛酒器、盛水器等。用玉或铜打造的器显示着社会层级中的身份地位，包括国王和贵族阶级。[194] 其次，礼器还有精神或"内容"上的含义，这与形式方面不可分割。对孔子而言，这一内容是培养道德感的教化和实践。在《礼记·曲礼》中，孔子说，"道德

109

110

---

193 刘昕岚：《论"礼"的起源》，2010年第8期，第141–161页，第143–144页。

194 吴十洲：《两周礼器制度研究》，台北：五南图书，2003年，第417–419页。吴十洲说，根据考古发现，周代后礼器的用途从陪葬品转变为明器，意味着玉器、铜器被瓷器所替代，也说明了周礼的衰落。

仁义，非礼不成，教训正俗，非礼不备"。[195] 由此可见，道德，也就是人与天的关系，只能靠实践礼来维系。

《礼记·礼器》里写道"礼也者，合于天时，设于地财，顺于鬼神，合于人心，理万物者也"。可以说对儒家而言，礼的作用是通过仪式来平衡和恢复道德宇宙论。这一点从《礼记·礼运》的例子里可见一斑：

> 故玄酒在室，醴盏在户，粢醍在堂，澄酒在下，陈其牺牲，备其鼎俎，列其琴、瑟、管、磬、钟、鼓，修其祝嘏，以降其上神，与其先祖；以正君臣，以笃父子，以睦兄弟，以齐上下，夫妇有所，是谓承天之祜。[196]

如哲学家李泽厚（1930—　）所指出，我们可以把这些仪式追溯到夏商周（2070—771BC）和当时的萨满仪式。周代的帝王将萨满仪式形式化为礼，所以也被叫作周礼。孔子试图恢复周礼从而对抗政治和社会的堕落。[197] 李泽厚进而提出，周礼被孔子"精神化"，被宋明理学"哲学化"，而在这个过程中，仪式的精神，也就是天人之间的合一发生了转变：

> 作其祝号，玄酒以祭，荐其血毛，腥其俎；熟其殽，与

195　《礼记》（双语版），J. 莱格译，http://ctext.org/liji/qu-li-i。

196　英语翻译参见，《礼记》（双语版），J. 莱格译，http://ctext.org/liji/Li-yun。

197　李泽厚：《历史本体论》，北京：三联书店，2002年，第51页。

其越席，疏布以幂，衣其浣帛，醴、盏以献，荐其燔炙，君与
夫人交献，以嘉魂魄；是谓合莫。然后退而合烹，体其犬豕牛
羊，实其簠、簋、笾、豆、铏羹，祝以孝告，嘏以慈告，是谓
大祥。[198]

李泽厚指出了礼与萨满信仰的关联，然而我们必须留意，与儒
家一样，同时期出现的道家和墨家也指出了一种标志着萨满信仰中
断的理性化。[199] 孔子意识到礼的形式方面有可能支配了其内容。
为了避免形式对内容的侵占，他强调礼根本上是一种道德实践，它
被道所引导，始于个体反思，然后拓展到家、国等外在的领域。这
就是著名的内圣外王说。儒家经典《大学》指出，这是一个线性过
程：格物、致知、诚意、正心、修身、齐家、治国、平天下。在
《论语》第十二篇里，我们看到：

　　颜渊问仁。子曰："克己复礼为仁。一日克己复礼，天下
归仁焉。为仁由己，而由人乎哉？"颜渊曰："请问其目。"

198　《礼记》（双语版），J. 莱格译，http://ctext.org/liji/Li-yun。

199　参看余英时，《论天人之际》（*Between the Heavenly and the Human*），《儒
家精神》（*Confucian Spirituality*），杜维明、图克尔（M. E.Tucker）编（New York:
Herder, 2003），第62–80页。中国历史学家经常提及德国哲学家雅思贝尔斯（Karl
Jaspers）在《历史的起源与目标》（*The Origin and Goal of History*）[M. 布尔洛克译
（M. Bullock），London: Routledge, 2011] 一书中所说的轴心时代（Achsenzeit）。雅
思贝尔斯说，公元前8到3世纪，宗教和哲学上的新思想在波斯、印度、中国和希腊
罗马世界出现。道家、儒家、墨家等学派都属于这个在知识和知识生产上的"历史
性断裂"。

子曰："非礼勿视，非礼勿听，非礼勿言，非礼勿动。"[200]

因此礼既是一系列束缚，也是一种保障事物秩序的实践，以至于个体的完善可以递进至国家的完善。道是内在的，人只能通过自我反思和实践礼来知晓道。（在《论语》孔子与卫灵公的对话里，卫灵公问孔子军旅之事，孔子回答说，自己只懂得礼而对战争一无所知，次日孔子就离开了。）然而，礼所要保障的秩序究竟是什么？在粗浅的解读下，那或许是一种有助于统治阶级的社会建构的秩序。这样说并非全错，孔子的确强调器与名需要在正位上才能维护秩序。《左传》（400 BC）里记载，将军于奚在战乱中救了卫国国君孙桓子，使他免于死难，孙桓子赏赐封地给于奚，于奚拒绝了，而要求"曲县、繁缨以朝"。[201] 孔子叹惜卫国竟答应了于奚的要求，他说"惜也，不如多与之邑。唯器与名，不可以假人，君之所司也"[202]。孔子解释说，这并非拘泥形式，而是器与名规范着其承担者的行为：

名以出信，信以守器，器以藏礼，礼以行义，义以生利，利以平民，政之大节也。[203]

114

200　孔子，《论语》，第80页。

201　《左传·成公二年》。

202　同上。

203　同上。

115 　　综上所述，儒家认为器在某种形式设置下有其用途，但这些用途只能为了维持道德，维持天的秩序和培养伟大的人格；相反，道家认为器没有这种重要作用，因为可以通过自然而达到道，道是形而上的，因为它无形。此处的形而上或被理解为非技术的、非计算性的。在儒家里即便有一些形式化的秩序，它们的存在也是为了维系至高的、无形（或"形而上"）的道。这种无形的东西是天和自然，正是这种无形拥有最高的自由。应该说，儒家与道家以不同的方式追寻道，所以他们并非对立而是互补。牟宗三建议我们把道家视为"实践的存有论"，把儒家视为"道德形而上学"，[204] 即儒家处理的是关于"什么"的问题（什么是圣、智、仁、义？），而道家处理的是"如何"得到的问题。[205] 道家拒绝机械式推理是为了拒绝计算式的思考，从而保持内在精神的自由。可以说他们拒绝一切效率，准备着迎接一种开放——表面上，海德格尔后期所说的泰然任之和《庄子》很有共鸣，这也解释了为何自从海德格尔肯定泰然

116 任之是现代科技的可能的出路之后，他对科技的批评在中国学者里反响强烈。

　　这正是道的两重性：一方面它代表因循自然而达到技术完善，另一方面它也被理解为精神对技术的抵抗，技术总是可能污染精神。在此，海德格尔的真理概念作为解蔽或无蔽状态（Unverborgenheit），一种通向开放的入口，似乎和道非常接近。

204　牟宗三：《中国哲学十九讲》，上海：上海古籍出版社，2005年，第74页。

205　同上，第106页；于连也指出了这一点，例如"无为"不仅是一项道家的原则，也是智性传统中共有的，参看于连的《过程与创造》（*procès ou création*），第41页。

然而，我们接下来会看到，它们有根本差异。这个根本差异也正是我们必须构想不同的技术历史的理由之一。

§10.3　斯多葛派与道家宇宙技术之比较

目前，我们已经尝试描绘了中国思想中的宇宙技术。我们已经把它和希腊的技艺概念作比较，其中一部分是通过海德格尔的著作比较。说海德格尔根本上在寻找一种宇宙技术会引发很多争议，但physis和存在（sein）的问题的确关系到人类与宇宙的深刻关联。对某些读者来说，我所描绘的在儒家和道家传统中的宇宙技术似乎和亚里士多德之后的希腊化时期的哲学类似。斯多葛学派的依照自然而生活的教义与道家对自然的渴望之间尤其亲和（如前文指出的，海德格尔对斯多葛学派始终缄口不言，即便斯多葛的宇宙论似乎更接近爱奥尼亚式的而非亚里士多德式的）。[206] 但其中也有一定的差异，我们将在后文中尝试简要说明。但我并非只是罗列这些差异，我希望重申导论中所发展的宇宙技术这一概念，它以技术为媒介，调和宇宙与道德的关系。我还要说明我们如何在斯多葛学派中辨识出这种宇宙技术。

仔细阅读斯多葛派著作，我们就能看到理性（rationality）在思想中的意义。理性在道家那里是被贬低的。斯多葛派的宇宙技术和道家的宇宙技术都提出我们依照"自然"（分别指physis和自然）

117

206　卡恩，《阿那克西曼德和希腊宇宙论的起源》，第203页。卡恩进一步指出（210）4世纪下半叶，亚里士多德否认宇宙演化论是有解释效用的科学学科。

而生活，都坚持技术物只是达到更高的目的的手段：对斯多葛来
说，那是幸福（eudaimonia），对道家来说是逍遥，而对儒家来说
是坦荡。《庄子》第1章名为"逍遥游"，庄子以道家哲学家列子
的故事来阐发他所说的自由：

> 若夫乘天地之正，而御六气之辩，以游无穷者，彼且恶乎
> 待哉！故曰：至人无己，神人无功，圣人无名。[207]

只有依从自然，而非依附某物，人才能达到自由，否则就会越
来越依赖于物。在《论语》里（第七篇第36章）孔子告诉我们：

118

> 君子坦荡荡，小人长戚戚。[208]

成为君子意味着知晓天命，孔子说（第二篇第4章）：

> 吾十有五而志于学，三十而立，四十而不惑，五十而知天
> 命，六十而耳顺，七十而从心所欲，不逾矩。[209]

在知晓天命前，人必须学习，只有专心于所学，人才能开放和
自由。

207　庄子，《庄子全集》，第3页。

208　孔子，《论语》，第54页。

209　同上。

在《生活的艺术》（*The Art of Living*）中，约翰·塞拉斯
（John Sellars）指出亚里士多德和斯多葛派在运用苏格拉底时的差
别。根据塞拉斯的说法，亚里士多德在解释柏拉图时强调哲学与逻
格斯的联系。在《形而上学》第一卷里，亚里士多德笔下的苏格拉
底是一个从自然转向伦理的人，关心普遍性和定义。[210] 塞拉斯认
为，在这样的描述里，亚里士多德弱化了哲学在苏格拉底的生命和
教学里的苦修（askēsis）含义，而这种含义恰恰启发了斯多葛派的
芝诺。塞拉斯认为，原因在于亚里士多德自己的哲学兴趣更偏重逻
格斯。[211] 然而实际上，在《高尔吉亚篇》[212] 中，当苏格拉底回答
卡里克利斯（Callicles）何为"约束你自己"的含义时，他说要克
己（sōphron）和控制自己（enkratē heauto），意思是约束自身内
在的快乐与激情。[213] 在《阿尔喀比亚德篇》里，苏格拉底说关心
你自己的第一步是遵从著名的德尔斐铭文"认识你自己"（gnôthi
seauton）：[214] 关心自身就是关心自身的灵魂，就像体操运动员关心
身体一样。在《申辩篇》中，苏格拉底这样反驳对他的指控：

119

210　J. 塞拉斯，《生活的艺术：斯多葛派论自然和哲学的功能》（*The Art of Living*:
The Stoics on the Nature and Function of Philosophy）（Bristol: Bristol Classical Press,
2003），第34页。

211　同上。

212　柏拉图，《高尔吉亚篇》，《全集》，491d11。

213　A. A. Long, *From Epicurus to Epictetus*（Oxford: Oxford University Press, 2006），
第8页。

214　塞拉斯，《生活的艺术》，第38页。

你是一名雅典人，属于这个因其智慧和力量而著称于世的最伟大的城市。你只注意尽力获取金钱，以及名声和荣誉，而不注意或思考真理、理智和灵魂的完善，难道你不感到可耻吗？[215]

如果说伪-艺术贪图快乐，那么真正的艺术意在灵魂的完善[216]——这一点在《会饮篇》所描绘的画面中体现得最为突出，苏格拉底曲肱而枕，躺在年轻貌美的阿尔喀比亚德身边，丝毫未动欲念。[217]

120　　由于对逻格斯和沉思更感兴趣，亚里士多德给了我们异于斯多葛派的对幸福的定义。在他的《修辞学》中，亚里士多德把幸福定义为"富裕与德行兼备"，由内在的善（灵魂与身体的完善）和外在的善（好的出身、朋友、财富和荣誉）组成。[218] 在《尼各马可伦理学》里（第一卷，第三章），亚里士多德说政治科学的最终目的（telos）是幸福。在同一段落里，通常被翻译为幸福的eudaimonia一词被等同于"生活得好和做得好"。[219] 对亚里士多德来说，幸福与美德有关，但无法靠美德来保证。在第一卷第七章中，他解释了他所说的美德：美德依内在于活动自身的最终目的而定义——比如，对医疗而言是健康，对战略而言是胜利，对建筑而言是安身之

215　柏拉图，《申辩篇》，《全集》，29e；这一段话在《自身技术》（*Technologies of the Self*）第20页中也曾被福柯引用。

216　塞拉斯，《生活的艺术》，第41页。

217　朗（Long），《伊壁鸠鲁到爱比克泰德》（*From Epicurus to Epictetus*），第9页。

218　亚里士多德，《修辞学》，《基础著作》，1360b26–28。

219　亚里士多德，《尼各马可伦理学》（*Nicomachean Ethics*），《基础著作》，1095a19。

所。亚里士多德总结道，"如果我们所有的活动都只有一个目的，这个目的就是那个可实行的善，如果不止一个目的，这些目的就是可实行的诸善"。[220] 美德不是幸福的保证，因为人不是植物或动物，人被赋予了理性（reason）的原则。理性超出了单纯的功能性，瞄准那最可欲的善。亚里士多德说人的善就是"灵魂合乎美德的活动，如果存在着不止一种美德，就是合乎那种最好、最完善的美德的活动"。[221] 汤玛斯·内格尔（Thomas Nagel）说这一变化是对理性的肯定，认为它超出其他功能，如感知、运动能力和欲望。这些功能支撑着理性，但理性并不服从于它们。[222]

121

亚里士多德与斯多葛派的关系依旧是一个论题。A. A.朗（A. A. Long）揭示出亚里士多德的幸福概念对斯多葛派有直接的影响，戴维·E.哈姆（David E. Hahm）论证了亚里士多德比柏拉图的《蒂迈欧篇》更多地影响了斯多葛派的宇宙论。然而古典学者们所争论的关键差别在于，亚里士多德认为外在的善对于幸福的实现是有意义的，而斯多葛派则认为幸福全然在于伦理上的美德：好或糟糕，快乐或缺乏快乐，这些都无关紧要。[223] 斯多葛派最重要的格言，如芝诺所定义的，就是"一致地生活"；克里安提斯（Cleanthes）将其

220　亚里士多德，《尼各马可伦理学》（*Nicomachean Ethics*），《基础著作》，1097a23–25。

221　同上，1098a16–18。

222　T. 内格尔：《亚里士多德论幸福》（*Aristotle on Eudaimonia*），A. 罗蒂（A. Rorty）编，《亚里士多德伦理学论文集》（*Essays on Aristotle's Ethics*）（California: University of California Press, 1980），第11页。

223　A. A. 朗：《斯多葛派的幸福》（*Stoic Eudaimonism*），《斯多葛派研究》（*Stoic Studies*）（California: University of California Press, 2001），第182页。

改为"与自然相一致地生活",克律西波斯(Chrysippus)则说"依那种对自然生发的事物的经验而生活";[224] 安纳斯(J. Annas)所说的这个自然是"宇宙的自然"[225]。同样地,美德的完美模式在于宇宙的组织方式,人类存在者是这一宇宙自然的一部分,因而这一宇宙也就是美德的完美模式,它在某些方面显得像中国思想中的道。

122 然而斯多葛派是如何从physis过渡到道德?斯多葛派的宇宙是一个有限的球体,被无限的虚空所包围。一般的解读是,斯多葛派沿用了赫拉克利特的宇宙模型,宇宙是火(一股活跃的热)所混合的质料生成的。宇宙周而复始,在这过程中火转换成其他元素,又回复到自身。在宇宙中有一种逻辑,它是理性(Reason)的产物,而理性"无法产生或好或坏的东西"。[226] 在西塞罗(Cicero)的《论神

---

224 安纳斯:《幸福的道德准则》(*The Morality of Happiness*)(Oxford: Oxford University Press, 1995),第168页;引自迪狄慕斯(Arius Didymus),《论斯托比亚斯》(*Stobaeus*),《文选》(*Eclogae*)第2卷,第85,12–18页。第欧根尼(Diogenes)和阿凯德谟(Archedemus)延续了引文,"依据自然而在选择或不选择中保持理性"。阿凯德谟:"这样生活能让人一切应有的活动都完成。"安堤巴特(Antipater):"依照自然选择事物,不选择与自然相反的事物。"他还补充说:"在做任何力所能及的事时,要始终朝向依据自然来看更可取的东西。"

225 安纳斯,《幸福的道德准则》,第159页。

226 P. 阿多(P. Hadot),《什么是古代哲学?》(*What is Ancient Philosophy?*),M. 蔡斯(M. Chase)译(Cambridge, MA; Harvard University Press, 2004),第130页;然而,我们看到这种把斯多葛派的宇宙论解释为赫拉克利特式的说法被一些作者挑战了,比如哈姆,他认为柏拉图,甚至亚里士多德的影响更大,因为斯多葛派采纳了亚里士多德在《论天》中对元素的分类——火、气、水、土和以太(天体的元素)——并将它们整合进一个生物式的宇宙模型,宇宙被视为一个活物。参看哈姆,《斯多葛派宇宙论的起源》(*The Origins of Stoic Cosmology*),第96–103页。另外,据说芝诺认为宇宙的构成要素是火,克里安提斯认为是热,克律西波斯则认为是灵气(*pneuma*):参看约翰·塞拉斯,"宇宙的角度",《德勒兹、浪漫主义、斯多葛派》(*Deleuze、Romanticism、Stoicism*),《Pli 华威大学哲学期刊》(*Pli*),8(1990),第1–24页:15 n70.

性》（"On the Nature of the Gods"）中，我们看到一段关于从物理向道德过渡的精确描写，理性成了神性：

> 当心灵凝望天体时，就获得了诸神的知识——从中诞生出虔诚，伴之而来的还有正义及其他美德——抵达了幸福生活的源泉，它既与神性存在相争又与之相似，使我们除了并非不朽以外，并不劣于天上的存在，而不朽于幸福并不重要。[227]

这两个领域间的媒介是斯多葛派的核心观念，被称为占为己有（oikeiōsis）。斯多葛派的道德虽然关涉自我反思和自我约束，但它并非一种无条件的道德义务，依照自然而生活需要沉思和解释。解释首先意味着通过沉思让自身与诸存在者相关，其次是赋予它们价值。赋予价值并非随心所欲的，伯里哀（Emile Brehier）指出："价值不进行估量，而是被估量；进行估量的是存在自身……换言之，价值论以存有论为前提，而非取代它。"[228]

贝泰克（Gábor Betegh）提出，斯多葛派哲学家尤其是克律西波斯，把宇宙的自然令人信服地整合进了他们的伦理理论的基础之

123

227　西塞罗，《论神性》（De Natura Deorum），《西塞罗28卷本》（Cicero in Twenty-Eight Volumes）第19卷，H. 拉克姆（H. Rackham）（London: William Heinemann, 1967），II, LXI，第153页；古尔德施密特引用，《斯多葛派的时间概念系统》（Le système stoïcien l' idée de temps），第67页。

228　E. 伯里哀，《论古代哲学价值论》（Sur une théorie de la valeur dans la philosophie antique），《第三届法国哲学学会大会论文集》（Actes du IIIe Congrès des Sociétés de Philosophie de langue française）（Louvain: Editions E. Nauwelaerts, 1947），古尔德施密特引用，《斯多葛派的时间概念系统》，第70页。

中。贝泰克的立场与安纳斯（Julia Annas）在《幸福的道德》（*The Morality of Happiness*）中的论述对立，后者认为斯多葛派的伦理学论的发展"先于"并"独立于"他们的物理学和神学教义。假使如此，那么物理学就仅仅是为了加深我们对伦理的理解而做的补充，这样的话我们从宇宙的自然出发来理解斯多葛派的伦理的自然就是错误的。[229] 在讨论牟宗三对董仲舒的宇宙中心论的批判时，我们已经遇到了类似的争论。然而我们已经指出，不考虑外在环境的话，道德是不可能的，因为在世界中存在正是伦理思想的条件。

贝泰克指出柏拉图的《蒂迈欧篇》对克律西波斯的目的论有重大影响。贝泰克基于下面这个《蒂迈欧篇》的段落展开他的论述：

> 人要是把所有兴趣和精力都投入欲望和竞争，他的所有信念都必然是可朽的。总之，就其腐朽的可能性而言，他不可能不成为可朽者，因为他所培养的都是可朽性。但是，如果他完全献身于学问和真智慧，并在各种事务中首先训练这个方面，他就一定会拥有不朽的和神圣的智慧，只要他对真理有所把握。就人类有可能分享不朽性而言，他会充分地享有不朽性。因为他总是热心于培育他的神圣部分，并且妥善安排与他共存的引导者［εὖ κεκοσμημένον τὸν δαίμονα］，这样，他就将是最幸福的［εὐδαίμονα］。我们看到，我们只有一种方法可以照

229　G. 贝泰克，《蒂迈欧篇与早期斯多葛派中的宇宙伦理》（*Cosmological Ethics in the Timaeus and early Stoicism*），《牛津古代哲学研究》（*Oxford Studies in Ancient Philosophy*），24（2003）：第273–302页；安纳斯，《幸福的道德》（*The Morality of Happiness*），第166页。

管一切事情，那就是给每件事以适当的营养和运动。我们身上
的神圣要素及与之相似的运动也就是整个世界的思想和运转。
人人都应遵照它而行。我们应该通过学习这整个世界的和谐与
运转来纠正我们头脑中那些与变化相关的、不可靠的运转，并
根据被思考者的原始本性，让思考者与被思考者相似。创造了
这种相似，我们就能完全实现［τέλος］诸神为人安排的最好生
活，无论是现在还是将来。[230]

这段话与中国思想中的天人关系有明显的呼应，从中我们发
现个体灵魂与世界灵魂在结构和组织上的相似[231]——某种"价值
论"。然而在柏拉图看来，这个关系并非真正的类比，因为人类存
在者还是处在自然之中，是整体的一部分。当灵魂内化了宇宙的
和谐，就有可能让灵魂的理性部分进入秩序与和谐。这个过程从
oikeiōsis 开始，通常翻译为"占为己有"（appropriation）。在西塞
罗的《论至善和至恶》（*De Finibus Bonorum et Malorum*）、塞内
卡的《道德书简》（*Epistulae morales ad Lucilium*）和第欧根尼·拉
尔修（Diogenes Laertius）的报告的基础上进行重构，我们或许可以

125

230　柏拉图：《蒂迈欧篇》，贝泰克引用，《蒂迈欧篇与早期斯多葛派中的宇宙伦
理》，第279页。

231　贝泰克，《蒂迈欧篇与早期斯多葛派中的宇宙伦理》，第279页。

获得一幅总体上的画面[232]。斯多葛派相信，人与动物都有能力区分什么东西对它们的构成（sustasis）和保存是适合的（oikeion），什么是不适合、异己的（allotrion）。据第欧根尼·拉尔修说，克律西波斯指出过，如果自然创造一个生物却不赋予它自我保存的手段，那是不合理的。然而还需要第二阶段，占为己有要求一种洞见，由此人的行为才能被理性所指导。理性的完善就是与自然同一，因为自然规定了有德的行为。

126　　从"艺术"一词可以看出，斯多葛派的"生活的艺术"是一种技艺。安纳斯指出过"斯多葛派把美德视为一种技艺，它是在试错过程中树立起来并逐步稳固的一种智性把握。如他们所说，美德是一种产生幸福的生活的技艺"，[233] 在此我们要留意芝诺对幸福的正式定义"生活的畅流"，[234] 以及技艺的定义"由争取生活中有益的目标的实践所统一的一个理解系统"。[235] 这些定义的确不易理

232　以下描述来自斯泰克（G. Striker），《视为己有在斯多葛派伦理中的意义》（*The Role of Oikeiōsis in Stoic Ethics*），《论希腊化时期的认识论与伦理学论文集》（*Essays on Hellenistic Epistemology and Ethics*）（Cambridge: University of Cambridge, 1996），第282—297页。

233　亚纳斯，《幸福的道德准则》，第169页。

234　朗，《斯多葛派的幸福》，第189页。

235　塞拉斯，《生活的艺术》，第69页。请留意"系统"（systema）一词，斯巴少特（F. E. Sparshott）指出：对斯多葛派来说，它必须是某种从实际中"生出"（ek）的东西（在这个意义上，它便不同于柏拉图的理念的概念）。技艺对斯多葛派而言是通过把握（ek katalēpseōn）而建立的系统。参看 F. E. Sparshott，《芝诺论艺：定义的解剖》（*Zeno on Art: Anatomy of a Definition*），J. M. 李斯特（J. M. Rist）编，《斯多葛》（*The Stoics*）（Berkeley, CA: University of California Press, 1978），第273—290页。

解，但它们暗示了寻求美德的技艺会促进生活的畅流，[236] 包括如何
处理愤怒、怜悯和仇恨。比如马可·奥勒留（Marcus Aurelius）建
议我们沉思一个对象，想象它正在消解和转变，腐烂和衰弱。阿多
（Pierre Hardot）指出，这种对普遍的质变的想象练习与对死亡的沉
思有关，它"让哲学家怀着爱意去赞同理性所希望的事件，这理性
是内在于宇宙的"。[237]

考虑过这一切之后，我们应该列出道家和斯多葛派在"依照自   127
然而生活"上的区别：

宇宙论：斯多葛派把宇宙模型化为一个有机体（可以说是一种
宇宙生物学或宇宙生理学）[238]，这一点在道家那并不明显，道家的
宇宙呈现为一种"有机"的组织，但并不显现为一种生物，而是被
道所引导，道的模型是自然。[239]

神圣化：对斯多葛派来说，宇宙与一个立法的神圣者有关，而
立法者或造物主的角色在古代中国思想中并不存在。

幸福：斯多葛派高度重视合理性，因为它导向幸福，人类由于
合理性而在宇宙中具有特殊意义；道家肯定宇宙而排斥理性，因为

---

236 塞拉斯在这里提出了三类技术：1. 生产性的技术，它有最终产品；2. 述行性的
技术，其产品比行为本身次要；3. 机会性的技术，它意在最好的结果，但没有必然保
障，比如医学。参看《生活的艺术》，第69–70页。

237 阿多，《什么是古代哲学？》，第136页。

238 参看哈姆，《斯多葛宇宙论的起源》（*The Origins of Stoic Cosmology*），第五
章，《宇宙论》，第136–84页。

239 钱新祖认为，虽然斯多葛派的领导原则（*hēgemonikon*）或柏拉图的世界灵魂似
乎基于一种协同逻辑，但事实上它们依旧是一种从属逻辑。参看钱新祖，《中国思想
史讲义》，第220页。

道在万物中，而自由只有通过无为才能达到。

理性（rationality）：对斯多葛派来说，与自然共处就要发展理性；对道家来说，需要的却是恢复人原始的自发的天赋。[240]

128

以上几点意在表明，在斯多葛派和道家思想中，宇宙和道德的关系都以不同的技术为媒介，这些技术属于我所说的宇宙技术。这些关系以不同的方式建立，实际上也界定了不同的生活方式。在《自身技术》一文中，福柯举了很多斯多葛派实践的例子：与友人通信，自我揭露（马可·奥勒留、塞内卡等）；自我和良知的检验；以苦修来回忆真理（而非发现真理）。[241] 希腊人把技术分为两个主要类别：沉思（meletē）和体育（Gymnasia）。meletē意思是沉思，人们靠想象帮助自己应对状况，比如想象最坏的情况，感受麻烦已经发生，抗拒对痛苦（如疾病）的惯常感知。Gymnasia与此相反，意思是身体锻炼，例如艰苦的体育活动。[242] 我们要问：这些训练如何基于理解宇宙的自然所揭示出的美德？这不是福柯关心的问题，他的兴趣在于自我揭露的历史，然而这个问题对于追问宇宙技术来说是必须处理的。

如福柯所指出的，斯多葛派的实践被整合进早期基督教的教义，而这导致了深刻的转变。如果说在斯多葛派那里，"认识你自

---

240 后三点来自余纪元，《与自然共生：斯多葛派与道家》（*Living with Nature: Stoicism and Daoism*），《哲学史季刊》（*History of Philosophy Quarterly*）25:1（2008），第1–19页。

241 福柯，《自身技术》，第34页。

242 同上，第36–37页。

己”是“关心你自己”的结果，那么在基督教教义中，它变成与
把自己揭露为罪人，和忏悔者直接相关。[243] 福柯罗列了两项主要
的技术，首先是承认事实（exomologēsis），也就是表露羞愧和谦
卑、展现谦逊，这并非一种私下的实践，而是如塞内卡所说，要公
开进行。其次是自我坦承（exagoreusis），它基于两个原则，顺从
和沉思，所以自我审查会导向对上帝的承认。当道家学说被道教所
采纳时，在道家实践里也能看到一些转变，如沉思、巫术、性行为
和炼金术等。但与基督教教义对希腊学说的筛选和转变不同，在道
教中，老子、庄子的思想本质仍保持完整。道教也有效地把儒家对
“天人感应”的理解吸纳到它的教义中。

　　这一点应该有助于对宇宙技术概念的全面理解，并且表明揭开
技术概念以及技术历史的必要性。在这一部分余下的内容里，我将
以一些片段来描绘中国的器道关系的转变，在第二部分里我们将着
手这一转变对于理解现代性和现代化的意义。

§11　器道作为抵抗：唐代古文运动

　　我已经提出，我们希望通过分析器与道的动态关系来系统性
地理解中国的技术思想。对器道合一的重新肯定在每个时代都出现
过，尤其在危机时刻。历史学家金观涛和刘青峰认为：魏晋时代
（220—420）对中国思想史研究来说是两个极有趣的时期，那时

243　福柯，《自身技术》，第41页。

130 佛教传入中国，激发了一种内在转变，最终导致儒家、道家和佛教融为一体。可以说这一时期塑造了之后中国主要的哲学传统，影响直至19世纪中叶。另一有趣时期是1840年之后，也就是中国的现代化时期，下文我们将详细讨论。我们会看到，在这两个时期里，器道合一被重新肯定，以此来抵抗外部（即佛教和西方文化的）威胁，但两者不同的历史背景也产生出器道间不同的动态关系。在这两个时期之前，我们还应再加上另一个时期：周代的衰落（1046—256 BC）。牟宗三指出，儒家与道家的出现，是对周文王（1152—1056BC）所创制的礼乐系统的衰败（周文疲弊）的回应，礼崩乐坏也导致了道德败坏。[244] 器道关系的转变是理解中国技术问题的关键。

　　唐代时期（618—907），佛教成为中国的主要宗教。中唐时期，儒家运动再次兴起，抵抗佛老，在韩愈（768—824）和柳宗元（773—819）等人眼中，佛教仅仅是迷信。唐代是中国历史上最繁荣的朝代，也许也是最开放的，其间中国和邻邦的交流，包括皇室

131 婚姻，都是被允许的。反佛老运动由两部分组成：抵抗佛教与道教所带来的迷信，以及通过重申书写的功能与任务来重建儒家价值，即器道合一。这便是古文运动。它提倡书写应用以阐释道，而非专注于风格与形式。魏晋时期，骈文（以浮夸的措辞与句式排比为特征）是书写的主要风格。古文运动的倡导者韩愈和柳宗元认为，骈文已经变成了肤浅的审美活动。古文运动试图重建书写的古风，同时也要重建古代的儒家教义。它的口号是"文以明道"，即书写作

244　参看刘述先（1934—2016），《当代中国哲学论》第一卷，香港：环球出版社，1996年，第192页。

为一种特殊形式的器，可以重建器道合一。

　　回溯地看，这场运动的愿望是重新把儒家置于中国文化的中心。但这里的中心或中意义为何？中有双重含义，可以帮助我们区分韩愈和柳宗元。更重要的是，这个双重含义表明，"纯粹的""原始的"儒家教义是无法恢复的，因为道并非永恒不变的，它也受到了佛教的影响。一方面，儒家有一个经典概念是中庸，它强调中的价值，意思是不要走极端，要适当行事；另一方面，则是龙树提出的中观，意思是把空视为永久的本真的存在形式，而其他现象仅仅是幻觉，仅仅是现象而已。[245] 韩愈更倾向中的第一个含义，而柳宗元倾向后者，他更同情佛教。韩愈在《原道》一文中阐释了他的道的概念：

　　　　夫所谓先王之教者，何也？博爱之谓仁，行而宜之之谓义。由是而之焉之谓道。足乎己无待于外之谓德。其文：《诗》《书》《易》《春秋》；其法：礼、乐、刑、政；其民：士、农、工、贾；其位：君臣、父子、师友、宾主、昆弟、夫妇；其服：麻、丝；其居：宫、室；其食：粟米、果蔬、鱼肉。其为道易明，而其为教易行也。[246]

245　理解为何中也是空，可以参考这八种非中心的形式：不生亦不灭，不常亦不断，不一亦不异，不来亦不出，参看金观涛、刘青峰，《中国思想史十讲》，第190页。

246　陈弱水引用，《柳宗元与唐代思想变迁》（Cambridge: Cambridge University Press, 1992），第121页。

133 　　明道也就是回到道之本原。周道衰，孔子没，火于秦，大道
亡，而要对抗佛老，只有重申原道，故此文必须一改其风来达此目
的。文在中国思想中并非仅仅是功能性的，如刘勰（465—512）
的《文心雕龙》的"原道"中一开始就指出文与天地同生，人的
本质是文，故此是"五行之秀，实天地之心，人生而言立，言立
而文明，自然之道也"。文即是自然之道，也能明道，故"辞之
所以能鼓天下者，乃道之文也"。[247]韩愈对道的解释被之后的清代
（1616—1911）改革者视为保守的、退步的，因为他希望恢复封建
制度[248]。相反，佛教的中观对柳宗元来说仍然是发展一种统一的宇
宙论思想的指导原则，与汉代发展起来的天人合一概念不同，这种
宇宙论思想把天人分为超自然的和自然的、迷信的和精神的。[249] 世
界的形成只能在世界之内探索，无须思考超越的东西或第一因。这
里我们看到一种思想，如果说它不是宋代理学的实际的先驱，它也
与宋代理学非常接近。[250] 柳宗元认为构成世界的基本元素是元气，
它既是物质的也是精神的——这与宋代理学的气论很接近。

　　然而，尽管韩愈和柳宗元有这些差别，总体上，他们的运动的
意义是重建器道合一。器道合一在古文运动中明确地表现为书写与

247　刘勰，《文心雕龙》，https://ctext.org/wiki.pl?if=gb&chapter=730713。

248　吴文治，《柳宗元评传》，北京：中华书局，1962年，第188–189页。

249　柳宗元不相信天意，认为古人对冬季与惩罚的关联的解释只是迷信。他说，闪
电击碎岩石，冬季草木衰败，但并不能把这些理解为惩罚，因为石头和树并非罪犯。
参看骆正军，《柳宗元思想新探》，长沙：湖南大学出版社，2007年，第95页。

250　但这个问题有争议，对此有兴趣的读者可以参看陈弱水的相关研究：陈弱水，
《柳宗元与唐代思想变迁》（Cambridge: Cambridge University Press, 1992）。

道的关系，它重新肯定宇宙论和道德秩序，同时还肯定了道家对自 134
然的渴望，这一点显著体现在柳宗元的文章中。在唐代还有一项发
展与这一在日常生活中对器道合一的重新肯定并行，而且增添了后
者的意义，历史学家金观涛和刘青峰称之为"常识理性"。根据他
们的说法，从魏晋开始，有一种把复杂精妙的哲学概念融入日常生
活的倾向，仿佛这些概念是常识。这解释了佛教在中国的迅速传播
（虽然完全整合需要上千年的时间，因为这些系统是不兼容的）及
儒家和道家的准宗教式发展。他们给出的一个有力例证是禅宗，因
为对禅宗来说，阅读和解释古代典籍并不必要（的确，很多禅宗大
师甚至没有阅读能力）。这也体现了中国佛教和印度佛教的差别，
对前者来说，道存在于日常生活中，所以人人都可以成佛，然而这
对后者来说则未必。换句话说，有一条特定的思想线索暗示出，离
开了日常生活，道就无法被思索。这一"常识理性"在之后的宋明
理学中得到了进一步发展。

§12 宋明理学早期的气的唯物主义理论

至此我们只讨论了器的用途，而没有涉及器的生产。器在道
德宇宙论或道德宇宙演化论中的意义是什么？道德宇宙论在宋明理
学里达到新高度，[251] 而一种"唯物主义思想"也在这个背景下出 135
现了，在这一思想中，另一种元素被引入来解释宇宙演化，也就是

---

251 参看牟宗三的《宋明理学的问题与发展》。

"气"。一种关于气的唯物主义理论被第一代宋明理学家之一的张载（1020—1077）发展出来，之后被整合进宋应星（1587—1666）的著作中，后者是明代1637年出版的技术百科全书的作者。

有太极和中医知识的读者也许会熟悉气，那气究竟是什么？它并非仅仅是物质的或能量的，根本上气是道德的。我们必须知道，宋明理学延续了对佛教、道教的抵抗。它的核心是形而上的探寻，试图发展一种可以与道德相容的宇宙演化论，这源自对两部经典的解读，即《中庸》和《易传》（对《周易》的七部评注），而这两部经典又是对《论语》和《孟子》的解释。[252] 牟宗三认为宋明理学的贡献可以被理解为"把道德性之当然渗透至充其极而达致具体清澈精诚恻怛之圆而神奇之境"[253]。这是通过仁的实践和性的全面发展，将"本体宇宙论"和道德性合二为一。[254]

我们并不是要完整地记录宋明儒家的思想，而是想理解中国哲学的这一特殊时期里的器道关系。的确，牟宗三的《心性与体性》（1968—1969）三卷本对这个主题已经做出了非常系统性和历史性的阐释，任何后继工作者都难以超越他。在此我们只想让读者先理解一些基本观念，它们对我们的解释非常关键。最先思考道德宇宙演化论的宋明理学家被认为是周敦颐（1017—1073），他基于太极

136

252　参看牟宗三的《宋明理学的问题与发展》，第99页。

253　牟宗三，《心性与体性》第1卷，《牟宗三先生全集》第5册，台北：联经出版社，2003年，第120页。

254　同上，第121页，"在形而上（本体宇宙论）方面与道德方面都是根据践仁尽性的"。

图发展出一个模型，其中无极酝酿，而太极产生运动，也就是阳，阳达到极限时就静止下来，静止产生阴。当阴到达极限，运动再次出现。阴和阳产生五行，五行的运动则生成万物。周敦颐认为圣人与阴阳、刚柔相应而发展出仁与义，所以他的道德与天地同一。[255]

　　张载继续探索宇宙演化和道德的关系，进一步提出了气的概念。我们已经知道，气是宇宙的基本组成部分，气依据自身的内在运动而实现为万物，这种内在运动被称为神。这个包含了伟大和谐的动态过程就是道。[256] 张载把这个过程称为气化。我们需要留意"化"这个字，它指的不是一种突然的运动，比如量子跃迁（这被称为变），而是一种缓慢的运动，比如天空中云彩形状的改变。[257] 简单来说，气论是一种一元论，它为宇宙论和道德的一致性提供了基础。有了气的一元论，张载就可以宣称，天地、日月、人类和万物都和我相连。[258] 所以人对万物就有了一种道德义务，反过来万物也是我的一部分（民吾同胞，物吾与也）。[259] 我们再次回到了儒家计划的核心，即一种道德宇宙论。

137

255　参看牟宗三的《宋明理学的问题与发展》，第376页，周敦颐在第七节引用《易经》乾卦："故曰：立天之道曰阴与阳，立地之道曰柔与刚，立人之道曰仁与义。又曰：原始反终，故知死生之说。"

256　陈来：《宋明理学》，沈阳：辽宁教育出版社，1995年，第61-62页。

257　变也被视为阳，而化被视为阴。

258　陈来：《宋明理学》，第74页。"视天下无一物非我"。

259　张载：《正蒙》，王夫之注，上海：古籍出版社，2000年，第231页。

宋代理学中还有两个学派与气并行，一个是理，一个是心。[260]
然而我认为这些学派都没有考虑到技术问题，只有在宋应星的思想
中，对技术与形而上学的关系的理解才渐渐明显起来。[261] 不难发
现，对理和道的关注导致了器与道分离的趋势。比如，周敦颐把
"文以明道"改为"文以载道"，"载"字某种程度上也意味着两
者可以分开，在这个例子中，书写的器只是一个载具，也就是说，
它仅仅是功能性的。主张心的学派倾向于宇宙的一切变化都可以被
无限的心所理解，把心视为绝对和无限的可能性，因此技术也就难
以获得应有的意义。

§13 明代宋应星《天工开物》中的器道思想

宋应星的成就十分重要，他的理论可能是第一个把器的意义纳
入到技术的、物理的存在者向着形而上层面个体化的这个过程中的
理论，在这里器获得了技术的意义。宋应星将自己置于宋明理学的
思想中，以此明确了宇宙技术的含义，对宋明理学发展出的道德宇
宙演化论是一个补充。为了充分理解宋应星的重要性，让我们对唐
代之后的事件做一个简要梳理。

宋代（960—1279）是科技大发展的时代，例如指南针的发
明、火药的发明及其军事运用、活字印刷术的发明——1620年弗朗

---

260 需要注意，还有另一个学派叫作"数"，是宋代早期的理学家邵雍（1011—
1077）提倡的，但我们日后有机会再涉及他。

261 当然，在《庄子》中，气已经有重要意义，然而器、道和气的关系并不清晰。

西斯·培根在《伟大的复兴》（*Instauratio magna*）中称之为"三大发明"。随后，元代（1271—1368）蒙古帝国的铁骑踏至欧洲，加速了东西方的交流——今天我们知道马可·波罗在这个时期来到中国。在宋应星的时代，也就是明代（1368—1644）科学技术和美学都达到了新的高度：第一架望远镜被制造出来，郑和与他的船队航行到非洲，欧几里德的几何学被翻译成中文。

　　宋应星的著作并非凭空写出的，而是他的时代精神的体现。他的百科全书《天工开物》于1636年出版，这本书由18个章节组成，详细列举了不同的技术，包括农业、冶金和武器制造。这些详细的条目及评注，源于作者在游历与研究过程中的观察。天是宇宙论原则的同义词，它掌管存在者的一切变化与产生。《天工开物》试图理解这些原则，阐述日常生产的人为介入与天的原则相融合的方式。

　　宋应星的百科全书比法国让·勒朗·达朗贝尔（Jean le Rond d' Alembert）和德尼·狄德罗（Denis Diderot）的《百科全书》（*Encyclopédie*）和英国的钱伯斯兄弟（W. & R. Chambers）的百科全书早了近一百年。当然，他们的历史背景非常不同。欧洲的启蒙百科全书派呈现出的是一种知识的系统化与传播的历史性的新形势，它将自身与"自然"分离，这与《天工开物》很不同。马丁尼·古鲁特（Martine Groult）已经指出，在这个特殊的时刻，历史与国王的生活分离了，哲学与神学分离了。[262] 哲学被解放并逐渐成

139

262　M. 古鲁特，《词与物中的百科全书派：cyclopaedia与encylopédie的差异》（*L' encyclopédisme dans les mots et les choses: différence entre la cyclopaedia et l' encylopédie*），《十八世纪的百科全书：会议论文集，列日，2006年10月30—31日》（*L' encyclopédisme au XVIIIe siècle: actes du colloque, Liège, 30-31 octobre 2006*），第170页。

140　为主导，参与到不同的学科中并产生了关系（rapports）的哲学。[263] 在这个背景下，哲学的自由成了启蒙价值的根本，它被哲学家守护。比如康德在《院系的冲突》（*Der Streit der Fakultäten*）中说，哲学在德国学院系统中与神学、法律和医学这三个"高级院系"相比是低级的，但它应该有最高的自由。而中国的语境完全不同：《天工开物》的作者并没有被当作哲学家——他屡试不中，只是在迟暮之年才通过科举成为一名官员。他在官府中职位低下，写作这部百科全书时穷困潦倒。然而两者的相似之处是，哲学在技术的系统化里起了决定性作用。在两者中，哲学作为某种"元"思想，超越所有学科，将各种各样的知识聚合在一起。

　　直到20世纪70年代，宋应星的其他文章才被重新发现，包括许多重要的文本，如《谈天》和《论气》。在这些文本里，技术与（到那时为止的）主流形而上学（如宋明理学）的关联变得很明显。宋应星的形而上学以张载（前文简要地提到过）的著作为核心。张载提出了气的一元论，解释了宇宙发生和道德宇宙论。在他的遗作《正蒙》中，张载写到"太和之谓道"。他认为道是气的运行过程，"由气化，有道之名"。他主张"凡可状，皆有也；凡

141　有，皆象也；凡象，皆气也"[264]，进而他说"知虚空即气，则有无、

263　M. 古鲁特，《词与物中的百科全书派：cyclopaedia与encylopédie的差异》（*L' encyclopédisme dans les mots et les choses: différence entre la cyclopaedia et l' ency-lopédie*），《十八世纪的百科全书：会议论文集，列日，2006年10月30—31日》（*L' encyclopédisme au XVIIIe siècle: actes du colloque, Liège, 30-31 octobre 2006*），第170页。

264　张载，《正蒙·乾称篇》。

隐显、神[265]化、性命通一无二"[266]。张载试图说明，即便虚空也由气组成，因此气并不必然只和现象有关，它也可能是不可见的。[267]张载的气论成了关于气的自主性的讨论的焦点：气已经包含了自身运动的原则，还是说它需要外在的原则和动因来调理自身的运动？

张载的同代人争论应该把气和道分开，因为道在形、象之上。所以应该把道、理同一，而非道、气同一。程氏兄弟[268]提出了反对意见："有形总是气，无形只是道。"张载的气和程氏兄弟的理都被采纳在朱熹（1130—1200）的理论中，但在朱熹这里，气等同于器，而理是在形之上的——他说"天地之间，有理有气。理也者，形而上之道也，生物之本也。气也者，形而下之器也，生物之具也"。[269]在他的表述中，气与器直接互相同一，清晰可见。但气与

142

265　把神翻译为"spirit"并不准确，因为据张载说，神的含义是气的微妙运动。参看《张载：十一世纪中国唯物主义哲学家》，《张岱年全集》第3卷，石家庄：河北人民出版社，第248—249页。

266　张载，《正蒙·太和篇》。

267　把虚空和气等同，同时就攻击了佛家和道家的虚空这个概念。

268　程颢（1032—1085）和程颐（1033—1107）发展了一个基于"理"或"天理"的理论，后来朱熹对其进一步发展。

269　朱熹：《朱子文集》第58卷，"答黄道夫"，台北：德富文教基金会，2000年，第2799页。我们必须指出朱子对理气关系（或者说理一分殊）的理解远比以上的复杂，被问到理气之异时，朱子说"虽其分之殊，而其理则未尝不同；但以其分之殊，则其理之在是者不能不异"（《朱子文集》第42卷，答余方叔大猷）。陈来先生在《朱子哲学研究》中指出必须分开两种理，上海：华东师范大学，2000年，第141页，"不尝不同的理是天地普遍之理，在人则指性理，在性即本然之性；不能不异的理是指个体人物的分理，在性即气质之心性"。我对这种理解有保留，因为这是以西方的形质论或其衍生物即理论和实践的对立来看中国哲学中的个体化理论，故理先于气，我认为朱子这里说的理是同一种理，它跟气的关系是一种相互性的（reciprocal），或者更准确来说是递归式（recursive）的。

器怎么能等同呢，除非器被当作一个"自然物"？[270]

关于气的位置的争论，直到当代也没有解决。牟宗三认为，张载讲的太和指的是两个东西——气、太虚，太虚即神。牟宗三坚持认为，理是不足以驱动气的，因为理只是原则，因而需要一个"第一推动者"。这个第一推力在心、神和情之中。[271] 气、理、心争夺宋明理学最基本的形而上原则的位置，哲学家们要么试图整合它们，要么争论哪个概念胜过其余的。对牟宗三而言，心是最有力的竞争者。然而这些主观力量是如何驱动存在者的？牟宗三只能用康德的观点来解释这个部分，气、理、心的三位一体是使现象的经验得以可能的条件，并且存在与经验是相关的。另一位关键的哲学家张岱年（1909—2004）有不同的看法，他把张载彻底解释为一个11世纪的唯物主义者——考虑到张载自己的说法"太虚即气"，驱动力就在气之内而非外在于气，张岱年的说法不无道理。[272] 对这一讨

143

270　张岱年确定，张载把气化理解为道，程氏兄弟则把理理解为道，道—器问题就被转变成理—气问题了——这意味着器被遮蔽了。"中国哲学中理气事理问题辨析"，《中国文化研究》第1卷，2000年，第19—22页。

271　牟宗三：《周易哲学讲演录》，上海：华东师范大学出版社，2004年，第59页。

272　牟宗三认为，不应该把张载视为气的一元论者。参看牟宗三，《心性与体性》第1卷，《牟宗三先生全集》第5册，第493页。牟宗三说，程氏兄弟以及之后朱熹的著作中对张载的这一误解，导致了错误结论，说张载提出的是气的一元论，这种解读必须纠正。"横渠于《太和篇》一则云：'散殊而可象为气，清通而不可象为神。'再则云：'太虚无形，气之本体。'复云：'知虚空即气，则有无、隐显、神化、性命通一无二。'又云：'知太虚即气，则无无。'凡此皆明虚不离气，即气见神。此本是体用不二之论，既超越亦内在之圆融之论。然圆融之极，常不能令人元滞窒之误解，而横渠之措辞亦常不能无令人生误解之滞辞。当时有二程之误解，稍后有朱子之起误解，而近人误解为唯气论。然细会其意，并衡诸儒家天道性命之至论，横渠决非唯气论，亦非误以形而下为形而上者。误解自是误解，故须善会以定之也。"

论需更加细致的研究，我们在此无法展开。然而张岱年的唯物主义论述或牟宗三的"第一推动者"论述都很难让人接受，因为他们似乎都没有将器和气分开理解。他们一人在物质中、一人在精神中寻找"第一推动者"。[273] 即便我们想把宋应星的思想说成是某种唯物主义，也必须明确，他的气的概念并非一种实体主义的唯物主义，而是一种关系唯物主义。在宋应星那里，气的一元论发展出五种元素——金、木、水、火、土，每个元素都带有气的一个独特部分。这与前苏格拉底思想有共鸣，但又有根本差别。这五个元素被称为五行，字面上就是"五种运动"。它们不是实体性的元素，而是关系性的运动。宋应星采纳了张载的气的概念，在《论气》中他提出"盈天地皆是气也"。[274] 他进而说道：

> 天地间非形即气……由气而化形，形复返于气，百姓日习而不知也……初由气化形人见之，卒由形化气人不见者。[275]

144

在这里，存在者的个体化就是气的转化，从无形到具体的形——这也可以是器。宋应星把五行重新组合，其中只有土、金和

273　张岱年有时更说张载还够不上唯物主义者。参看张岱年，《张岱年全集》第3卷，第251页。

274　"天地间非形即气，非气即形。……由气化形，形复返于气，百姓日习而不知也……初由气化形人见之，卒由形化气人不见者"。潘吉星，《宋应星评传》，南京：南京大学出版社，1990年，第338页。

275　潘吉星，《宋应星评传》，第339页。

木与形有关。水、火是两种最基础的力量，位于形与气之间。[276] 宇宙中一切个体化了的存在者都是气化入五行的形式的现象。这些转化也遵循运动的循环：当木燃尽就回归到土。与张载不同，[277] 在宋应星的分析中，他不像古代哲学一般（例如，水火相克，金木相克）从对立的角度看待五行，而将它们视为各种强度，可以相互结合产生不同的组合。可以说在这里没有对立，只有不同的配比和关系。但要让这些结合发生，就需要人类介入，器也就出现在这里。正是器或技术把气带入形，形无法自发地产生。当新儒家和宋明理学家把心视为现象的因果关系的唯一"第一推动者"时，他们忽略了器的这个维度。而宋应星的《论气》在这一点上非常明确。他的论述可以总结为两点：第一，气可以有不同形式，例如水、火，虽然这些元素相互对立，但实际上它们相互之间又享有一种共同的吸引力。他用比喻表达到，当它们无法相见时，它们就像夫妻、母子一样思念对方。但它们可以靠人为介入而"相见"——更确切些，靠技术活动。第二，我们想象一下杯水与车薪，如果柴车着火了，那么用这一杯水量扑火将毫无效果，水会被火蒸发，然而，如果是巨瓮之量，那么火将很容易被扑灭。所以对技术思想而言，关键在

145

276 潘吉星，《宋应星评传》，第340页，杂于形与气之间者水火是也。

277 张锡琛点校，《张载集》，北京：中华书局，1978年，第13页。张载基于强度阐述了一种五行的新动态关系："木曰曲直"，能既曲而反申也；"金曰从革"，一从革而不能自反也。水火，气也，故炎上润下与阴阳升降，土不得而制焉。木金者，土之华实也，其性有水火之杂，故木之为物，水渍则生，火然而不离也，盖得土之浮华于水火之交也。金之为物，得火之精于土之燥，得水之精于土之濡，故水火相待而不相害，铄之反流而不耗，盖得土之精实于水火之际也。土者，物之所以始而成终也，地之质也，化之终也，水火之所以升降，物兼体而不遗者也。

于强度而非实体。[278] 这些思想可以被追溯到宋应星在百科全书《天工开物》中的技术性描述。比如在《陶埏》一节，宋应星写到，“水火既济而土和”[279]；在《冶铸》一节，水、火都是铁的必要条件，“凡熟铁、钢铁已经炉锤，水火未济，其质未坚，乘其出火之日，入清水淬之，名曰健钢、健铁”[280]。 146

由此，气依据道的原则，化为不同的基本运动。通过人为介入，这些运动再现实化，进而产生个体化了的存在者——例如铸造，更一般地来看，就是器的生产与再生产。器因此进入循环，扩大了基本形式的组合的可能性。在自然哲学对技术思想的支配下，人造物总是不仅被归到那种我们今天称为物理学的运动原则之下，而且也属于一种有机的组合模型，在不同的个体化了的存在者间做调解。还需要补充的是，宋应星和柳宗元一样怀疑天人相关的理论，并将其视为迷信。在《论天》里，他嘲笑古人——包括《诗经》《左传》（§9讨论过）、宋明理学和为《诗经》做注的朱熹（1130—1200）的描述——说他们不理解天，[281] 因为假如日食与帝王的德行相关，那么任何在这种相关定律之外的情况就都无法解

278　潘吉星，《宋应星评传》，第353页。

279　《天工开物·陶埏》。

280　《天工开物·冶铸》。

281　宋应星，《论天》，http://ctext.org/wiki. pl?if=gb&chapter=527608，“朱注以王者政修，月常避日，日当食而不食，其视月也太儇。《左传》以鲁君、卫卿之死应日食之交，其视日也太细。《春秋》：日有食之。太旨为明时治历之源。《小雅》：亦孔之丑。诗人之拘泥于天官也。儒者言事应以日食为天变之大者，臣子儆君，无已之爱也”。

147 　释。对宋应星来说，帝王的美德并不靠这种自然现象来显示，而靠他依据"科学规律"理解天进而顺应时机行事的能力。[282] 也就是说，虽然宋应星质疑了天人感应的理论，[283] 但他仍然肯定宇宙和道德的统一。[284]

　　从我们先前已经描述过的宇宙技术的角度来总结，我们看到儒家用礼器来巩固宇宙秩序和道德秩序。在庄子的理论中，道调解着工具的"用"或"无用"（不按技术和社会所决定的用途）从而达到生活的艺术。而在宋应星的著作中我们看到了器具在创造和使用中的角色，器道的道德关系拓展至日常生产活动中。这一有机形式并非我们今天所理解的自反、反馈过程，它的最高原则在于道——它是一种连接起人和宇宙的宇宙技术。

152

282 宋应星，《论天》，"而大君征诛揖让之所为，时至则行，时穷则止。与时污隆，乾坤乃理。此日月之情，天地之道也"。

283 潘吉星在《宋应星评传》（363—368）里说，宋应星拒斥感应理论。然而在宋应星自己的文本里，他甚至没有提到"感应"，他拒绝的其实是日食与罪恶相关这一迷信。

284 金永植（Y. S. Kim）说，在宋应星的著作中有一种"自然神学"，因为天被视为"造物主"。但这个观点不成立，因为金永植忽略了宋应星与宋明理学的密切关联。金永植，《十七世纪中国的"工业的自然神学"？：宋应星〈天工开物〉里天在生产技术中的意义》（ *"Natural Theology of Industry" in Seventeenth-Century China?* : Ideas about the Role of Heaven in Production Techniques in Song Yingxing's *Heaven's Work in Opening Things* (*Tiangong kaiwu*)），布赫瓦尔德（J. Z. Buchwald）编，《一位科学大师：查尔斯·克斯顿·吉利斯匹纪念论文》（ *A Master of Science: History Essays in Honor of Charles Coulston Gillispie* ）（Dordrecht: Springer, 2012），第197–214页。

§14　章学诚与道的历史化

在清代（1644—1911），器道关系以王夫之的"天下惟器"
打开序幕，也预示了鸦片战争后器道关系的断裂。这并不意味着这
个时代的思想家们想故意破坏器道合一，相反，他们企图重新肯定
它。然而，他们活在一个危急的历史时期，他们被迫把西方思想、
科技整合进一个独特的哲学系统里，但两者无法整体地兼容。为了
把两者整合成"一致的"，他们只好同时扭曲两者，来减少这种不
兼容。

在清代中后期，我们应该留意六经（《诗经》《尚书》《礼
记》《周易》《春秋》《乐经》）研究的目的转变了。如果说过
去人们研究经典着力于对这些古代典籍做哲学分析、文本分析
和训诂，以便理解道[285]［道被赋予了一种道德含义，即德（遵德
性）］。那么在清代，我们看到了将这一对道的理解历史化（道问
学）的努力。这是中国思想史上的重大转变，它挑战了那种认为道
已经被古人宣告过，便一直潜藏在古代文本里的观点，相反它提出
人们所思考的道是历史性的——道随时间而改变。章学诚（1738—
1801）——就像是18世纪中国的福柯——一贯主张应该从意义的时空
脉络中研究道。章学诚的巨著《文史通义》是这样开篇的：

148

149

285　D. S. 倪微逊，《章学诚的生命与思想》（*The Life and Thought of Chang Hsüeh-
ch'eng*）（Stanford, CA: Stanford University Press, 1966），第152页。

> 六经皆史也。古人不著书，古人未尝离事而言理，六经皆
> 先王之政典也。[286]

章学诚的说法与同时代的著名儒学家戴震（以训诂学著称）有
分歧。戴震猛烈抨击宋明理学，尤其是他对理的解释。他对朱熹和
之后的儒家的著名谴责是他们"以理杀人"，说他们只是以法律致
人死地的冷酷官吏。[287] 章学诚则认为，戴震仍然纠缠在传统之中，
试图在古代典籍里寻找道，而没有意识到六经无法超越时间——如
果可以，那么就意味着道是永恒的，而这样它就自相矛盾了。对章
学诚来说，六经仅仅告诉我们当时的道。而要探寻我们时代的道，
就得依社会发展及其带来的复杂状况来把道历史化。这种历史化也
是哲学化，要求我们进入哲学史，而非永无止境地纠缠于"原初含
义"的解码。章学诚跳脱语源学的详尽分析，建议更一般地把历史
哲学化，这种进路在他的传记作者D. S.倪微逊（D. S.Nivison）看来
可与黑格尔的历史分析相比较。[288] 所以六经就成了远古的道的器。
在《原道》一节里，章学诚说：

150

> 《易》曰："形而上者谓之道，形而下者谓之器。"道不
> 离器，犹影不离形，后世服夫子之教者自六经，以谓六经载道

---

286 余英时引用，《论戴震与章学诚：清代中期学术思想史研究》，北京：三联书
店，2000年，第57页。

287 陈来，《宋明理学》，第6页。

288 D. S. 倪微逊，《章学诚的生命与思想》，第158页。

之书也，而不知六经皆器也……夫子述六经以训后世，亦谓先
圣先王之道不可见，六经即其器之可见者……而儒家者流，守
其六籍，以为是特载道之书，夫天下岂有离器言道，离形存影
者哉？[289]

　　在某种意义上，章学诚的这些话很接近我们今天所说的解构：
道的存在也需要依靠其增补——它的基底（subjectile），用德里达
的话说——否则它便不可见。书写的意义，在这里尤其指历史书
写，在于让不断变化的、超出可见的形式而运行的道变得可见。毫
无疑问，章学诚确认了器和道的合一，但悖谬的是，如此一来他也
把器和道的关系相对化了，把它变成了一种历史性现象。章学诚的
器、道概念对龚自珍（1792—1841）和魏源（1795—1856）等人
有很大影响，他们都是中国现代化早期的关键人物，后文将做讨
论。[290] 章学诚对宋明理学的批判重心也从知与道德的关联转向了知
与客观知识的关联——这一点虽然不明显，但将对新儒家的纲要有
重要影响。[291]

289　余英时引用，《论戴震与章学诚：清代中期学术思想史研究》，第53页。

290　余英时：《人文与理性的中国》，台北：联经出版社，1998年，第395页。

291　余英时引用，《论戴震与章学诚：清代中期学术思想史研究》，第89–90页。余
英时指出了章学诚与王阳明的三个主要区别，王阳明的良知是牟宗三的哲学计划的基
础，我在§18将做讨论。主要区别可以解释为，从王阳明的德之良知转向知识之良知。

§15　鸦片战争后器与道断裂

宋明理学的形而上论述遭到猛烈抨击，它被视为空洞的理论并且与历史和现实脱节，从而逐渐衰落。到清代末期，终于让位于西方科学的新学科。这个发展阶段比魏晋时期佛教的传播更加难以思考。佛教带来了新的思考方式和价值，但西方科学的既有价值和强大物质支撑使得它无法被直接采纳，中国的技术状况只能被迫适应它。这种适应是中国文明经历过的最严重的挑战与危机之一，它的确使得中国文化无论如何也不可能回到"正统"和"本真"的源头。

西方科技在中国被说得神乎其神，但更根本的危机是，它造成了恐惧。比如1876年到1877年，英国的怡和洋行（Jardine, Matheson & Co）在中国修建了第一条铁路，由上海至吴淞。这条铁路（由于安全隐患）让人害怕，以至于清政府花了28500两白银把它买下来并拆毁。[292] 我们在这里思考的这个文化转型被一些亚洲学者模糊地称作"另一种现代性"，其实它是十足的"笛卡儿式"的现代性：企图推行科学和科技的发展，同时维持中国思想的"基本原则"，这意味着心智（我思，或这里所说的哲学思想）可以通过技术媒介沉思和指挥物质世界，而自身不会因此而被影响和改变。

19世纪中叶的两次鸦片战争打垮了文明的自信，把它抛入困惑和怀疑的旋涡中。鸦片战争（1839—1842，1856—1860）后，中国认识到不发展"西方科技"就无法赢得战争。惨痛的失败导致了

292　孙广德：《晚清传统与西化的争论》，台北：台湾商务印书馆，1995年，第29页。

自强运动（1861—1895），包括大规模的军事现代化，生产的工业
化和教育体制改革。运动的两句口号体现了当时的精神。第一句是
"师夷长技以制夷"；第二句展现出更多文化和民族主义的精神：
"中学为体，西学为用"。李三虎指出，在中西文化的冲撞中产生
了一系列"翻译"，道和器逐渐与西方（社会、政治和科学的）理
论和西方科技等同了。[293] 李三虎进一步提出，如果说自汉代以来，
道被认为先于器，那么从晚明到清代，这个秩序就被颠倒了，器被
认为先于道。[294]

　　第一项翻译是用西方科技替代器，并用它来实现中国的道。在
鸦片战争后的改革运动中，提出"师夷长技以制夷"的知识分子魏
源把西方科技和器等同，希望以此把西方科技整合到对经典的传统
研究中。魏源强烈批判宋明理学只做形而上思辨，而不正确地运用
道去解决社会和政治问题。他试图从中国哲学中挽回那些有助于中
国文化从内部改革的原则，于是他也就把六经解读为治理之书。[295]
所以他无意之中废除了器和道的整体论，使之成为某种笛卡儿式二
元论。与影响魏源的章学诚相比，魏源把器的概念从历史性书写拓
展到一般人造物，并采取了更加激进的唯物主义立场。古文运动试
图通过书写重申道，但器和道仍然是合一的。而魏源把器的概念拓
展至西方科技，他就与道德宇宙论彻底决裂了：器仅仅是被道控制
和掌握的东西。道是心智，器是它的器具。在这种概念里，器成了

153

154

293　李三虎，《重申传统》，第111页。

294　同上，第67页。

295　陈其泰、刘兰肖：《魏源评传》，南京：南京大学出版社，2005年，第159页。

纯然的工具。汤玛斯·亨利·赫胥黎（Thomas Henry Huxley）和达
尔文的译者严复（1854—1921）嘲笑过这种中国的道和西方的器的
"配对"：

> 体用者，即一物而言之也。有牛之体，则有负重之用；有
> 马之体，则有致远之用。未闻以牛为体，以马为用者也。中西
> 学之为异也，如其种人之面目然，不可强为似也。故中学有中
> 学之体用，西学有西学之体用，分之则并列，合之则两亡。议
> 者必欲合之而以为一物，且一体而一用之，斯其文义违舛，固
> 已名之不可言矣，乌望言之而可行乎？[296]

155　　　根据李三虎，第二项翻译是把道和器完全替换成西方理论和
西方科技。自强运动（又称洋务运动，1861—1895）之后是百日
维新（1898年7月11日—9月21日），它是中国知识分子对甲午战争
（1894—1895）日本击败中国所造成的打击的反应。回溯历史，
我们可以想象为何这个事件是一种创伤：被西方国家击败尚可以
解释为它们的文明相对发达，但日本曾经只是中国的一个小"朝贡
国"，被它击败几乎难以理解。鸦片战争后，自强运动的目标首先
是加强中国的军事力量，发展更高端的战舰和武器；其次是通过工
业化、教育和翻译把西方科学和技术整合进中国。然而所有这些计
划都在甲午战争的失败下搁置了。

296　《严复集》第3册，1986年，第558-559页；李三虎，《重申传统》，第109页。

　　我们必须留意，这时唯物主义思想在欧洲盛行，而渐渐熟悉欧洲思想的中国知识分子也开始挪用它。让我们以最著名的改革派知识分子之一谭嗣同（1865—1898）为例。与几乎所有儒家一样，谭嗣同也强调器道的合一。然而，正如李三虎所说，他将器等同于科学和技术，将道等同于西方科学知识，尽管他是用中国哲学范畴来构造的。他的唯物主义思想认为，器支撑道，没有了器，道也就不复存在。所以应该改变道，以便与西方的"器"相符。所以，谭嗣同把魏源的"器为道用"颠倒为"道为器用"。

156

　　这一时期的"唯物主义"对中国哲学与西方科学的结合非常有创意，有时近乎荒唐。1896年，谭嗣同在上海遇到了把以太的概念介绍进中国的耶稣会会士傅兰雅（John Freyer）（1839—1928）。[297] 谭嗣同运用唯物主义解读了以太，并将其转化到他早年对中国经典的解读里，包括《易经》和宋明理学的文本。他提出要把儒家的仁理解为以太的"用"或"表现"：

> 遍法界、虚空界、众生界，有至大之精微，无所不胶粘、不贯洽、不管络，而充满之一物焉，目不得而色，耳不得而声，口鼻不得而臭味，无以名之，名之曰"以太"。……法界由是生，虚空由是立，众生由是出。夫仁，以太之用，而天地万物由之以生，由之以通。[298]

297　《严复集》第3册，1986年，第558—559页；李三虎，《重申传统》，第113页。

298　谭嗣同，《仁学》。

157 出于这些观察，因为仁是以太的精神部分，所以以太就既是气又是器，而仁是它的道。回顾历史，我们可以猜想，谭嗣同的确在以太中发现了宋明理学的气的替代物，所以他想靠研究以太来体悟道。那时谭嗣同还读了傅兰雅中译的亨利·伍德（Henry Wood）的书《治心免病法》[*Ideal Suggestion Through Mental Photography*（通过心理摄影术给出的理想建议）]〔我们可以把傅兰雅的中译"治心免病法"再译回去：Ways to Get Rid of Psychological Illness（祛除心理疾病的方法）〕，作者在文中提出，水波的运动和心理力量是类似的。[299] 这幅图景与谭嗣同对以太和仁的关系的思辨完全吻合，他通过这些思辨发展出一套理论叫"心力说"。

另一位著名的改革派知识分子康有为也是谭嗣同的同志，他提出过一种类似的解释，认为"仁者，热力也；义者，重力也；天下不能出此两者"。[300] 由此我们就可以理解，这些理论（在那个时期出现的其他类似理论中）试图重新统一器与道。然而，范畴与其含义的错误搭配混合出了不兼容的东西，它无可奈何终于失败。

中国知识分子吸收19世纪的物理学，将其作为中国道德哲学的新基础，以此增长百姓对于实现政治、社会平等的希望，这只是知识分子挪用西方科学技术来振兴中国思想的一个尤其痛楚的例子。1905年，康有为在流亡欧美8年之后，写下了《物质救国论》

---

299 白峥勇：《论谭嗣同思想的主旨》，参看《从"'以太''仁'与'心力'论谭嗣同思想之旨趣"》，《文与哲》2008年第12期，第631–632页。

300 康有为：《康子内外篇·人我篇》，李三虎：《重申传统》，北京：中国社会科学出版社，2008年，第112页。

一书，他说中国的衰弱不在于道德和哲学，而在于物质。唯一的救
国之路就是发展一种"物质学"。[301] 康有为所谓"物质"实际上
指科技。[302] 这种理解与现代化运动完全契合：利用"器"来实现
"道"。这种对"用途"或"用"的工具主义式强调，颠覆了宇
宙技术的器与道——如李三虎所理解，这是用西方的机械论替代
了中国的整体论，然而是否能以整体论和机械论来区分中西还有
待分析。[303]

§16　器—道的崩溃

中国的第二个反思科学、技术以及民主的主要阶段随辛亥革命
（1911）而来，那时一些童年留洋的人回国后成了公共知识分子。
1919年五四运动爆发，它是最重要的知识分子运动之一，这起于对
《凡尔赛条约》的抗议，条约允许日本接管先前被德国人占领的山
东省的一部分领土。最为重要的是，它也导致了青年一代的运动，
他们认为自己不仅懂得科学和技术，也具备文化和价值。一方面，
这次文化运动对抗传统权威；另一方面，它高举民主和科学的旗帜
（流行"德先生和赛先生"的说法）。而在20世纪20年代到30年

158

159

301　罗志田：《裂变中的传继——20世纪前期的中国文化与学术》，北京：中华书
局，2009年，第328页。

302　同上，第331页。然而在同一本书的219页，罗志田说"物质"指的是科学，我
们看到很多学者依旧不太敏感于区分科学和技术这两个不同的概念。

303　同上，罗志田举的最典型例子是，无政府主义者吴稚晖（1865—1953），他是
里昂中法研究所（Institut Franco-Chinois de Lyon）的创办人，推广机械论乌托邦。

代，西方哲学开始在中国兴盛。

有三个名字与中国当代知识分子的历史紧密相关：威廉·詹姆士（William James）、亨利·柏格森（Henri Bergson）和伯特兰·罗素（Bertrand Russell）。[304] 这一时期知识界的争论集中在中国是否应该全盘西化，全面采纳西方的科学、技术和民主——提倡者如知识分子胡适［约翰·杜威（John Dewey）的学生］，相反，张君劢（鲁道夫·倭铿的学生）、张东荪（20世纪20年代柏格森的中译者）等人则持批评意见。这些争论难解难分、互不相让。这一时期提出的问题预示了新儒家的出现，即如何发展一种真正的中国式现代化。接下来我们将回顾一些历史插曲，来体现那时的知识分子如何理解这个问题，如何考虑中国的发展与科学、技术的关系。

§16.1 张君劢：科学与人生的问题

第一个插曲发生于1923年，哲学家张君劢（1887—1968）（他是宋明理学专家，也是倭铿的学生和合著者）在北京清华大学做了一个演讲，之后以"人生观"为题出版。这个标题很难翻译成英文：字面上说，它指的是对生命或生活的直观，我们可以猜测它试图唤起倭铿所用的德语词Lebensanschauung的含义。1921年张君劢在耶拿大学遇到倭铿，决定从师于他，随后又与他合著了《中国与欧洲的生命问题》（*Das Lebensproblem in China und in Europa*），

304 值得注意的是，这三位哲学家都不是技术专家，伯格森的《创造进化论》（*Creative Evolution*）是否是例外可以商榷。

这本书尚未译成中文（或英语）。[305] 它分为两部分：上半是倭铿论欧洲，下半是张君劢论中国，倭铿为下半部分写了后记。这本书本身对这个主题并没有特别深刻的洞见，而是简要勾勒了从古至今不同的Lebensanschauung（生命直观）。在后记中，倭铿对中国的生活方式及其与儒家道德哲学的关系做了如下评价：

> 在这里我们尤其能看到一种对人类及其自我意识的强烈关怀，这种生活方式的伟大之处在于它的简约和诚意。对这种社会的和历史性的共同存在的崇高敬意以奇怪的方式与理性的启蒙结合在一起。[306]

很显然，和倭铿的合作让张君劢可以把他的道德哲学和人生问题结合起来。从这个角度出发，张君劢自称"现实主义的唯心主义者"，意思是他从"我"出发，但这个"我"并不是绝对的，"我"暴露在真实世界的经验之中。从唯心主义出发是张君劢的Lebensanschauung的特点，这使得客观科学和哲学区分开来。在《人生观》一文中，张君劢认为"我"应该能提供一种视角，由此理解"我"之外的东西，包括个体的和社会的性质——从内在精神

161

305　R. 倭铿、张君劢，《中国与欧洲的生命问题》（Leipzig: Quelle und Meyer, 1922）。

306　同上，第199页。"Als eigentümlich fanden wir dabei namentlich die Konzentration des Strebens auf den Menschen und auf seine Selbsterkenntnis; die Größe dieser Lebensgestaltung liegt in ihrer Schlichtheit und ihrer Wahrhaftigkeit; In merkwürdiger Weise verband sich hier mit vernünftiger Aufklärung eine große Hochschätzung des gesellschaftlichen und geschichtlichen Zusammenseins"。

的自我到外在的物质世界、世界的希望，甚至是世界的创造者。对张君劢而言，科学是一门以客观性为始终的学科，它应该基于直观的、主观的"我"。张君劢描述了科学和"人生观"的五点不同：

科学（基于）	人生观（基于）
客观	主观
理性	直观
分析的方法	综合的方法
因果性	自由意志
共同性	独特性

    这种图式上的区分立即被地质学家丁文江（1887—1936）抨击。丁文江批评张君劢从科学退回了形而上学，讽刺他的哲学是玄学。"玄学"原指的是魏晋时期出现的哲学，它受道家和佛教的影响极深（参考§9），现在被贬为学术与迷信的混合。

    这一历史片段中最重要的是，张君劢担心科学被认为比中国社会中传统的知识理论更有价值，它正在重构一切价值和信仰，包括 Lebensanschauung。从他的警告和丁文江的批评可以看出，在中国的这一时期，科学有成为检验一切知识形式的终极标准的危险，这样一来，除了那些被认为无害或仅作为装饰性的元素以外，任何被视为不够科学的东西都会被过滤。

162

§16.2　《中国本位的文化建设宣言》与其批判

另一插曲发生在1935年，它塑造了第二个时刻和相关的争论，也让我们了解到当时利害攸关的主要观念。1935年1月10日，十位著名的中国教授发表了一篇名为《中国本位的文化建设宣言》的文章，[307] 他们批判"中学为体，西学为用"的提议是肤浅的，要求深化改革。他们也批判了全盘西化的提议，无论是效法英国、美国和苏联，还是意大利和德国。宣言表现出一种对知识界混乱内讧的担忧，认为这将同时导致对中国本源和当代的遗忘，宣言也构想了一个既能有效整合技术与科学又免于丧失其根基的新中国。3月31日，胡适讽刺地回应了这份宣言，声称没有必要为"中国本位的文化"而心忧，因为中国将始终是中国。根据胡适的说法，中国文化在总体上有某种惰性，所以当中国文化想要全盘西化，也一定会由于惰性而创造出别样的东西。他继而嘲笑陈独秀（1879—1942）："陈独秀接受了共产主义，但我相信他是一个中国式共产主义者，与来自莫斯科的共产主义者不一样。"[308] 后来陈独秀被开除党籍，成了一个托洛斯基主义者。

这种实用主义态度在中国成了主流观点，或许是因为它最适应这一实验与质疑的时期。然而它也是一种特殊的实用主义，在肯定西化的同时又希望能从自身文化和传统的抵抗性力量出发做某种调

163

307　王新命等：《中国本位的文化建设宣言》，《从"西化"到现代化》中册，合肥：黄山书社，2008年。

308　胡适，《独立评论》第142号，1935年3月。

整。这样看来，中国文化就仅仅成了勒鲁瓦-古汉所说的"功能美学"，这意味着它的作用只是在发展的主要驱动力之上添加美学维度，这样的话发展也就是东方式的了——东方的科学和科技、民主和法制。在1935年这场争论中，张东荪（1886—1973，柏格森的中译者）提出了一个问题，虽然没有引起其他知识分子的重视，但仍是一个有效的、关键的问题：他坚称，问题不在于西化是好是坏，而是中国究竟能否吸收西方文化——这个问题仍旧在中国今天所遭受的社会、经济和科技灾难中回响。这种以胡适为代表的实用主义天真地相信，差异会自然产生，不需要靠其他干预。它先是被马克思主义教条取代，而在20世纪末，随着经济改革再次出现。[309] 然而，这个过程的所有阶段都有一个共同点，那就是古代宇宙技术的精神消失了，那些显得与现代不兼容的东西都被打发到"传统"这个不痛不痒的范畴中，被发展的力量排除在外。

从1921年到1935年这两个场景中，我们看到科技问题本身很少被提及。两次争论的核心都是科学与民主（或更确切些说是意识形态）。把科技包括在科学之下，或者至少是把它当成应用科学，似乎是符合直觉的。忽略科技问题意味着学术争论往往停留在意识形态层面。科技融到科学的问题里，变得不可见。很多学者仍然把自己局限在科学、民主的话语中，他们缺乏那种能将科技纳入思考的更深刻的哲学分析；相反，无论是唯心还是唯物，他们纠缠在某种

309　李泽厚、刘再复：《告别革命：回望二十世纪中国》，香港：天地图书出版社，2000年。哲学家李泽厚提出"告别革命"，呼吁走出意识形态争论。他强调中国需要一种新的理论工具来处理自身的内在动力和国际关系，那就是实用理性。

二元论的问题中。

§17　李约瑟问题

在整个20世纪中，"古代中国为何没有发展出现代科学"这一问题，一直是历史学家和哲学家的兴趣所在。只要牢记科学必须从根本上与技术区分开来，那么这一问题对于我们推进技术问题就仍然重要，因为现代科学没有在中国产生的理由，同时也解释了与现代化遭遇时器道的崩溃。1923年，中国哲学家冯友兰于哥伦比亚大学完成了博士论文，在《国际伦理学期刊》（*International Journal of Ethics*）上发表了《中国为何没有科学——对中国哲学史及其后果的阐释》（"An Interpretation of the History and Consequences of Chinese Philosophy"）一文。当时他年仅27岁，但这个年轻的哲学家自信地主张，中国之所以没有科学是因为不需要科学。冯友兰理解的科学与哲学紧密相关，或者更确切地说，科学被某种哲学思考模式所决定。所以，对冯友兰而言，中国没有科学要归因于中国哲学从一开始就阻止了科学精神这一事实。冯友兰的分析非常有趣，虽然他没有真正解释清中国为何缺乏科学，但他提出了关于科学和技术的关系以及科技在中国的角色等重要问题。

我将非常简略地总结冯友兰的论述。冯友兰说，在古代中国（相当于希腊的爱奥尼亚和雅典哲学时代）有9个学派：儒家、道家、墨家、阴阳家、法家、名家、纵横家、农家和杂家。然而只有前三个学派——即儒家、道家、墨家——有影响力，它们在竞争中成为主要的思想流派。冯友兰相信，墨家非常接近科学，因为

166

它推广技艺（建造和战争的技艺）和效用主义。儒家，尤其在孟子
（372—289BC）的著作中，刻薄地贬低墨家和道家。之所以反对墨
家，是因为它提倡兼爱，进而无视儒家视为核心价值的家庭等级。
之所以反对道家，是因为它提倡自然的秩序，而且道家认为这种秩
序根本上是不可知的。

冯友兰认为，在呼吁返回自身寻找道德原则这一点上，儒道有
某种亲和。然而道家所提出的自然并非一种科学的、道德的原则，
而是无以名状、无法解释的道，《道德经》开篇第一句就已经宣告
过。对冯友兰而言，儒家的统治标志着道家和墨家的覆灭，因而也
是任何一种科学精神在中国的覆灭。虽然"格物"（研究自然现
象，获得知识）是儒家的基本教义，但它寻求的"知"不是关于事
物的知识，而是超越现象的"天理"。

冯友兰的分析进路是典型的还原论，他把文化还原为一些特定
教义的表现。然而，他也证实了中国哲学倾向于寻求更高的原则，
这些原则在世间的化身决定了道德的、政治的价值。进一步来说，
冯友兰从根本上混淆了科学和技术，因为墨家提出的并非科学精
神，而是一种工匠精神，它体现在房屋建造和战争器械的发明中。
所以，冯友兰或许解释了技术在中国古代为何不是一个理论研究的
主题，以及它为何没有发展成现代科技，但他没有证明在儒家主导之
前，中国必定有一种科学精神，除非科学必然可以从技术中诞生。今
天，很多历史学者都认为技术在中国持续发展，直到16世纪才被欧洲
赶超。也就是说，即便墨家从未成为主导教义，技术也没有被消灭。
相反，它一直蓬勃发展，直到我们今天所说的欧洲现代性发生为止。

冯友兰的问题也是伟大的历史学家李约瑟的问题。李约瑟终其

一生研究分析为何现代科学和科技没有在中国出现。他的二十多卷《中国的科学与文明》（*Science and Civilisation in China*）对中国技术哲学未来的发展仍旧有不可限量的价值。李约瑟批评冯友兰，他写道，这位伟大哲学家的"年少悲观"是"没有根据的"。[310] 李约瑟充分展现了中国的手工技术文化，它在很多方面都领先于同时代的欧洲。鉴于李约瑟提供的丰富文献和详尽比较，我们可以公允地驳回冯友兰的结论，并且认识到古代中国的确有一种技术精神。[311] 即使对李约瑟来说，这也是一个相当复杂的问题，他试图详细分析技工的角色、官僚系统以及哲学、神学、语言学的因素，来处理这个问题。李约瑟为自己的论述辩护，反对那种认为中国文化重实践轻理论的命题。只要我们考虑一下，中国的宋明理学所取得的思辨形而上学高度完全不亚于中世纪欧洲的成就，这个命题就不攻自破了。[312] 他也驳斥那种认为象形文字书写阻碍了中国科学发展的命题，恰恰相反，他展示了中文书写甚至比字母书写更高效，更有表达力，比如它能让相同的表述更加简洁。[313]

168

310　李约瑟，《科学以及中国对世界的影响》（*Science and China's Influence on the World*），《伟大的滴定法：东西方的科学与社会》（*The Grand Titration: Science and Society in East and West*）（London: Routledge, 2013），第116页。

311　同上，第55–122页。

312　李约瑟，《中国科学传统的缺点与成就》（*Poverties and Triumphs of the Chinese Scientific Tradition*），《伟大的滴定法》，第23页。

313　同上，第38页。

§17.1　有机模式的思维以及自然定律

李约瑟的观点同时涉及社会和哲学因素。主要的社会因素是，中国的社会经济体制不鼓励技术文化向着现代形式发展，因为个人成就的标志是进入官僚系统成为国家"官员"。官员选任的系统基于熟记经典和撰写文章（从605年起，1905年废止），这对中国产生了巨大的影响，它涉及研究的题材（主要是经典文本）、研究方法、家庭的期望和社会阶层流动。李约瑟的分析可作为典范，在此我将不再复述。在这里我们更关心哲学上的解释。他认为中国缺乏机械式的世界观，相反一种有机的、整体的世界观在中国占主导地位（此论述是否合理则是另一个问题）：

> 中国的长青哲学（philosophia perennis）是一种有机的唯物主义。这在每个时代的哲学家和科学思想家的表述中都有体现。机械式的世界观在中国思想中几乎没有发展，而一种认为每一现象都依等级秩序相互关联的有机式观点在中国思想家中很普遍。[314]

从宇宙技术的角度看，我认为这个重要差别决定了中国与欧洲技术发展在节奏上的区别：中国没有一种能有效地吸纳自然和有机形式的机械式规程，有机在中国始终是思想信条和生活与存

314　李约瑟，《中国科学传统的缺点与成就》（*Poverties and Triumphs of the Chinese Scientific Tradition*），《伟大的滴定法》，第21页。

在的原则。李约瑟认定，中国的有机形式的自然，必须与前苏格拉底到文艺复兴时期的西方所提出的自然问题严格区分。在欧洲，自然法（司法意义上）和自然定律都植根于"立法"模式：前者是"尘世帝国的立法者"，后者是"天上和至高的创造神"，无论是巴比伦的太阳神马尔杜克、基督教的上帝，还是柏拉图的造物主（demiurge）。罗马人接受两种成文法——特定人群或国家的公民法（lex legale），以及万民法（ius gentium），它相当于自然法（ius naturale）。[315]万民法处理非公民（peregrini）事务，公民法（ius civile）对非公民不直接适用。虽然李约瑟没有解释万民法与自然法的关联，但我们可以通过他处来理解：例如西塞罗把斯多葛派的自然法则拓展到社会行为中，"宇宙服从于上帝，海洋与陆地服从于宇宙，人类的生命则服从于最高法则（Supreme Law）的律令"，[316]它们的内涵不同但外延相同。[317]李约瑟相信，虽然中国几乎没有万民法，但有某种"自然法则"，如我们之前所说，它是天的道德原则，主宰人与非人。基督教早期的自然法也同时管辖人与非人，法理学家乌皮安（Ulpian）是这样定义自然法的：

　　自然法是大自然教给所有动物的东西，这种法不针对人

315　李约瑟，《中国科学传统的缺点与成就》（*Poverties and Triumphs of the Chinese Scientific Tradition*），《伟大的滴定法》，第300页。

316　西塞罗，《法律篇》（*On the Republic*），《国家篇》（*On the Laws*），C. W. 凯斯（C. W. Keyes）译（Cambridge, MA: Harvard University Press, 1928），第461页。

317　参看J. 布莱斯（J. Bryce），《历史与法理学研究》（*Studies in History and Jurisprudence*）（New York: Oxford University Press, 1901），Vol 2，第583–586页。

171　　类，而是对一切动物。……所以有了男女的结合，名曰婚姻，

所以有了生儿育女。[318]

　　李约瑟认为，一种彻底的分离是由神学家弗朗西斯科·苏亚雷斯（Francisco Suárez）造成的[319]。苏亚雷斯提出了道德的世界和非人的世界的二分：法律只适用于前者，而后者因为缺乏理性，既无能于法律也谈不上守法。[320] 自然的法则的概念及其与立法者的关系不仅体现在司法领域，也体现在自然科学中，比如在罗吉尔·培根（Roger Bacon）和牛顿那里。李约瑟进一步说，万民法或自然科学意义上的自然法则都没有在中国出现，原因有：①出于历史经验，中国不太可能接受一种抽象编码的法律；②事实证明，礼比任何别的官僚体制更稳定；③更重要的是，在中国，虽然至高无上的存在曾短暂地出现过，但它是非人格化的，因此一种为自然和非自然立法的高高在上的创造者在中国从未真正存在。所以：

172　　　　一切存在者的和谐协作并不来自外在的至高权威的秩序，

　　　　事实上，一切存在者本是诸整体的等级的各个部分，这个等级

318　参看J. 布莱斯（J. Bryce），《历史与法理学研究》（*Studies in History and Jurisprudence*）（New York: Oxford University Press, 1901），Vol 2, 第588页，注释1。

319　海德格尔与艾蒂安·吉尔森（Étienne Gilson）都曾指出，苏亚雷斯在存在论的历史上，对存在与本质的关系的重新定义起到了关键作用。参看M. 海德格尔，《现象学的基本问题》，A. 霍夫施塔特（A. Hofstadter）译（Indianapolis: Indiana University Press, 1983），第80–83页。E. 吉尔森，《存在和本质》（*L' être et l' essence*）（Paris: Vrin, 1972），第5章，"存有论的起源"。

320　李约瑟，《伟大的滴定法》，第308页。

构成了宇宙的、有机的模式，存在者所遵循的是它们本性中的内在律令。[321]

缺乏机械式因果性的观点意味着一种依据法则的有序系统的观念未曾出现。所以中国缺乏任何一种依照机械式因果性来高效地理解并掌握存在者的规程。这种机械范式可以说是吸纳有机性的必要预备步骤，即对有机运作的模仿或模拟，例如技术谱系中的简单自动机到合成生物学或复杂系统。李约瑟进而提出下面的类比：

> 他们理解相对性和宇宙的精微广大，探索的是一种爱因斯坦式的世界—图像，然而却没有奠定牛顿式的基础。以这样的道路无法发展出科学。[322]

李约瑟的措辞"有机的唯物主义"让人有些疑虑，他所说的到底是不是唯物主义以及有机主义（这也是《递归与偶然》一书的论题）值得斟酌。也许更准确的说法是，中国被一种道德法则所支配，这种法则同时是上天的原则。按李约瑟的话，这种法则"在宋明理学那里，是以类似怀特海的有机主义"[323] 被理解的——这正是我们所说的中国的宇宙技术，但是后者能否称为有机主义则是另一个问题。

321　李约瑟，《伟大的滴定法》，第36页。

322　同上，第311页。

323　同上，第325页。

173 §18 牟宗三的回应

对新儒家这个20世纪早期出现的学派[324]而言，科学、技术和民主都是绕不开的问题。新儒家承认，试图吸收西方的发展同时不影响中国的"心"，这种"笛卡儿"范式仅仅是幻想。他们给自己的任务是把西方文化整合进中国，使之与传统哲学系统兼容。更直白地说，新儒家的哲学家们希望指出，从文化，特别是哲学的角度，中国思想有可能产生科学和技术。这种意图在伟大的哲学家牟宗三的著作里达到顶峰，尤其体现在他对康德的解读中。

§18.1 牟宗三对康德的智的直觉（Intellectual Intuition）的理解

从《易经》到宋明理学和佛教，牟宗三的中国哲学训练有素，同时他研习西方哲学，尤其专精康德、怀特海和罗素。他还（从现存的英译本）将康德的三大批判译成中文。在牟宗三的系统中，康
174 德的哲学是连接中西思想的关键。的确，牟宗三最令人惊叹的哲学策略就是从康德所谓的现象和本体（noumenon）的角度来思考中西哲学的分别。在他重要的著作之一《现象与物自身》里，牟宗三写道：

---

324 依刘述先（1934—2016）的分类，熊十力（1885—1968）属于第一代的第一组人，冯友兰（1895—1990）属于第一代的第二组人；牟宗三属于第二代；余英时（1930—）、杜维明（1940—）和刘述先自己属于第三代。参看刘述先，《理一分殊与全球地域化》，北京：北京大学出版社，2015年，第2页。

依康德智的直觉只属于上帝，吾人不能有之。我以为这影
响太大。我反观中国的哲学，若以康德的词语衡之，我乃见出
无论儒、释或道，似乎都已肯定了吾人可有智的直觉，否则成
圣成佛，乃至成真人，俱不可能。[325]

175

作为牟宗三分析的基础，这个神秘的智性直观究竟为何？在
《纯粹理性批判》中，康德划分了现象和本体。当感性材料通过时
间、空间的纯粹直观被归入知性范畴时，现象就出现了。然而有一
些情况，对象无法通过感性直观被感知，但也可以成为知性的对象。
在《纯粹理性批判》第一版中，我们看到下面这个清晰的定义：

> 诸现象（appearences）就其按照范畴的统一性而被思考
> 为对象而言，就叫作现象（phenomena）。但如果我假定诸
> 物只是知性的对象，但仍然能够作为这种对象而被给予某种
> 直观，虽然并非感性直观［而是给予智性直观（coram intuit
> intellectuali）］，那么这样一类物就叫作本体［intelligibilia
> （理智的东西）］。[326]

175

325　牟宗三：《现象与物自身》，《全集》第21卷，第5页。

326　康德：《纯粹理性批判》，W. S. 普鲁哈（W. S. Pluhar）译（Indianapolis, IN:
Hackett Publishing Company, 1996），A249，第312页。中译取自康德，《纯粹理性批
判》，邓晓芒译、杨祖陶校注，北京：人民出版社，2004年，A249，第227页。

康德在第一版中有时把本体称为物自身，它要求另一种非感性的直观类型。本体这个概念限制了感性，所以是一个否定性概念。但它也有潜在的肯定性含义，假如我们可以"在（它的）基础上放置一种直观"——也就是说，如果我们能找到一种对本体的直观形式。[327] 但正因为这种直观不是感性的，所以人类不具备它：

> 既然这样一个直观，也就是智性的直观完全处于我们的认识能力之外，所以就连范畴的运用也绝不能超出经验对象的界限。[328]

康德否认人类具备智性直观这一点，对牟宗三解释中西哲学差异而言是决定性的。《智的直觉与中国哲学》写于更加成熟的《现象与物自身》之前，在前者中牟宗三试图指出，智性直观对儒、释、道等等都是根本性的。牟宗三认为，智性直观与创造（比如，宇宙演化）和道德形而上学（与康德的关于道德的形而上学相对立，康德学说基于主体的认识能力）都相关。牟宗三在张载的著作中找到了理论依据，尤其是下面这段话：

> 天之明莫大于日，故有目接之，不知其几万里之高也。天之声莫大于雷霆，故有耳属之，莫知其几万里之远也，天之不

327　康德：《纯粹理性批判》，B308，第226页。

328　同上，B308，第318页。

御莫大于太虚，故心知廓之，莫究其极也。[329]

　　牟宗三指出，前两句话指的是通过感性直观和知性来认识的可能性。最后一句则暗示了，心可以认识现象界之外的事物。他评价说，最后一句话是怪异的，严格来讲它在逻辑上没有意义，因为无限与无限比较是没有意义的。对牟宗三来说，"心知廓之"正是智性直观：它不是感性直观和知性所决定的认识类型，而是遍、常、一而无限的道德本心之诚明所发的圆照之知。[330] 在这一圆照中，存在者显现为物自身，而非对象。[331]

177

　　诚明字面上是"真诚与明智"，出自儒家经典《中庸》。[332] 张载说，"诚明所知乃天德良知。非闻见小知而已"。[333] 所以，基于智性直观的认识是中国哲学及其道德形而上学的特征。牟宗三常说自己的学说是道德形而上学而非关于道德的形而上学，后者只是对道德的形而上阐发，而对前者来说，只有从道德出发才可能有形而上学。他进而说明了器道合一如何依赖于心的超越形式性和工具性的能力。牟宗三也说明了，在道家和佛教里都有智性直观。重复他

329　牟宗三：《智的直觉与中国哲学》，第184页。我把太虚译作"great void"，采纳的是毕游塞（Sebastian Billioud）的译法。参看毕游塞，《透过儒家现代性来思考：牟宗三道德形而上学研究》（*Thinking through Confucian Modernity: A Study of Mou Zongsan's Moral Metaphysics*）（Leiden: Brill, 2011），第78页。

330　同上，第186页。

331　同上，第187页。

332　《中庸》里写道，"诚者天之道也，诚之者，人之道也……自诚明，谓之性。自明诚，谓之教。诚则明矣，明则诚矣"。

333　牟宗三，《智的直觉与中国哲学》，第188页。

漫长烦琐的论证不是我们的目的，简单地讲，道家的智性直观关系着这一事实：知识是无限的而人的生命有限——所以用有限的生命去追逐无限是徒劳的。要理解这一点，可以通过庖丁解牛的头两句话：

178

> 吾生也有涯，而知也无涯。以有涯随无涯，殆已！已而为知者，殆而已矣！[334]

乍看上去，这似乎确认了康德对智性直观的禁令。但庖丁进一步提出另一种认识方式，也就是道，道超越一切知识，但心可以理解道。这对佛教来说也一样，体现在空或无的概念中：空与相共存，但为了理解空，就必须超越相和物理因果性。

英语世界的读者如果想深入牟宗三对智性直观的论述，那么塞巴斯蒂安·毕游塞（Sébastien Billioud）的著作是很好的入口，尽管毕游塞也批评牟宗三，说他对康德的《判断力批判》避而不谈，也没有论及后康德哲学，尤其是费希特和谢林对智性直观的重新解读——这批评得很在理，因为牟宗三虽多次提及费希特，但从未深入过他的思想。毕游塞试图通过法国谢林专家蒂耶特（Xavier Tilliette）的著作来对比牟宗三和谢林。[335] 但我们必须当心这种比较。"智性直观"一词已经够含糊了，它在德国观念主义中的传承更甚。在1981年一篇很有影响力的文章中，毛奇·格兰（Moltke

---

334 庄子，第19页。

335 毕游塞，《透过儒家现代性来思考：牟宗三道德形而上学研究》，第81–89页。

Gram）反对智性直观从康德到费希特再到谢林的"连续性主题"。格兰总结，这个"连续性主题"由三个断言组成：①对康德而言，智性直观是一个单独的问题；②智性直观的对象不是被给予的，而是由智性直观创造的（就神的创造来说）；③费希特和谢林否认康德所说的人类没有智性直观，而且把智性直观确立为他们的系统的核心。[336] 格兰揭示出，对康德来说，智性直观至少有三个不同含义：①积极意义上的对本体的直观；②一种原型智能的创造性直观；③对自然的总体性的直观。他进一步论述道，费希特和谢林的智性直观概念根本和以上三个含义不符。[337]

事实上，如果我们切近地考察费希特和谢林对智性直观这一概念的使用，就会看到他们和牟宗三几乎是对立的。对费希特和谢林来说，康德的"我思"还只是一个事实（Tatsache），无法充当认识的基础。认识的基础必须是绝对的，不能以任何事物为条件。对费希特来说，在"我思"之上必定有一种对这一"我思"的直接意识，正是这一意识具备智性直观的地位。在他的《知识学》（*Wissenschaftslehre*）中，费希特说："如果智性直观的自我

179

180

336　毛奇·格兰，《智性直观：连续性主题》（*Intellectual Intuition: The Continuity Thesis*），《观念史》期刊（*Journal of the History of Ideas*），42:2（1981年4月—6月），第287–304页。

337　尤兰达·埃斯蒂斯（Yolanda Estes）回应格兰说，实际上康德的智性直观有五个含义；除了这三条，她又增加了（4）我的自我活动的统觉，（5）道德律令的直观和自由的直观的结合——并说明，费希特和谢林肯定了这两个含义。参看尤兰达·埃斯蒂斯，《智性直观：对康德、费希特和谢林的连续性的再思考》，D. 布雷泽（D. Breazeale）、T. 罗克摩尔（T. Rockmore）编，《费希特、德国观念论和早期浪漫主义》（*Fichte, German Idealism, and Early Romanticism*）（Amsterdam: Rodopi, 2010），第165–178页。

存在，因为它是其所是。那么就其自我设定而言，它是绝对自足的和独立的。"[338] 所以费希特提出，要把智性直观思考为事实行动（Tathandlung），是一种自我设定的行动。同样地，谢林早期把智性直观理解为认识基础，在1795年的论文《论作为哲学原理的我》（"Of the I as the Principle of Philosophy"）中他阐释了这一观点。虽然费希特和谢林都面对了从无限到有限的通道这同一个问题，但发展出了分歧。在费希特这里，无条件的我要求一个充当否定或阻碍（Anstoß）的非-我。无条件的我之外只是这种否定性效应的产物。然而谢林的自然哲学（Naturphilosophie）从我走向自然，并认为我和自然有共同的原理，这体现在他著名的声明"自然是可见的精神，精神则是不可见的自然"中。[339] 对谢林而言，绝对不再是主观的一极，而是绝对的主体-客体的统一，这个统一体总是处在递归的运动中。简而言之，费希特和谢林的智性直观概念是基于对认识的绝对基础的寻找，这个基础后来成了一种递归模型，无论费希特的"抽象物质性"[340] 还是谢林的"自然的生产

338　D. E. 斯诺（D. E. Snow）引用，《谢林和观念论的终结》（*Schelling and the End of Idealism*）（New York: SUNY Press, 1996），第45页。

339　F. W. J. 谢林，《自然哲学的观念》（*Ideas for a Philosophy of Nature*），E. E. 哈里斯（E. E. Harris）、P. 希思（P. Heath）译（Cambridge: Cambridge University Press, 1989），第43页。

340　"绝对物质性"是伊安·汉密尔顿·格兰特（Iain Hamilton Grant）描述费希特模型的无限迭代或循环时所用的术语，这一模型同时解释了我和自然。参看格兰特，《谢林之后的自然哲学》（*Philosophy of Nature after Schelling*）（London: Continuum, 2008），第92页。

性"[341]。后来黑格尔在《费希特与谢林的哲学体系的差异》（*The Difference Between Fichte's and Schelling's System of Philosophy*）里讨论了两者的区别：费希特力求"主观的主体—客体"而谢林则寻求"客观的主体—客体"，意思是谢林认为自然是独立的（selbstständig）。[342] 无论如何，智性直观在这两个计划中的意义都迥异于牟宗三将其与中国传统相连时的用法。

　　尽管有种种差异，但从思考无限与有限的动态关系这一点看，牟宗三的探究的确与那些德国观念主义者有共同之处。我们已经看到，对观念主义者来说，从无限到有限有一个通道，它解释了存在。然而对牟宗三来说，这个通道是从有限通向无限的，因为他寻求的不是一种自然哲学而是道德形而上学。牟宗三对海德格尔的《康德与形而上学问题》（*Kant and the Problem of Metaphysics*）的批判正落在这一点上：海德格尔没有看出，此在虽然是有限的，但也可以是无限的。最终的区别在于，牟宗三无意为无限对有限的刻写寻找一种客观形式，相反他找到的是无形的存在：心，将其当作智性直观和感性直观两者的最终可能性，也正是在无限的心之内，物自身可以成为无限的。

　　随后，牟宗三试图用本体与现象的区分来解释为何中国没有

341　对谢林早期的自然哲学中的个体化概念的详细分析，参看许煜，《个体化的视差：西蒙东与谢林》（*The Parallax of Individuation: Simondon and Schelling*），*Angelaki*，21:4（2016年冬），第77–89页。

342　B.‑O. 曲柏斯（B. ‑O. Küppers），《作为有机体的自然：谢林早期的自然哲学及其对现代生物学的意义》（*Natur als Organismus: Schellings frühe Naturphilosophie und ihre Bedeutung für die moderne Biologie*）（Frankfurt am Main: Vittorio Klostermann, 1992），第34页。

182   现代科学和技术。他1962年的著作《历史哲学》依思想的主流模式的时间顺序解读历史，在这本书中牟宗三观察到，中国哲学思索本体世界而很少关心现象，现象被视为次要的——这一倾向在中国文化的方方面面都有所体现。西方近代思想则取了相反路径，克制对本体的思考而只限于现象。牟宗三把前者称为"综合的尽理之精神"，后者则是"分解的尽理之精神"。在牟宗三的解释中，智性直观意味着一种超越任何分析演绎或综合归纳的直观能力，但这种直观不是服务于知性的感性直观。[343] 换言之，康德认为只有神才可能具备的智性直观，在道家、儒家和佛教的框架中，也是人类所具备的能力。依牟宗三的理解，这里的关键是，当智性直观支配了思想，别的认识形式，也就是他所说的知性（"cognitive mind"），就被直接压抑了——而根据他的解读，这就是逻辑、数学和科学在中国没有得到良好发展的原因。

       牟宗三的分类不见得精确，但如果我们理解他的康德背景及他给自己设定的任务，这又是合理的。牟宗三试图说明，从传统中国哲学的良知出发是有可能发展出"知性"的，良知的意思是良心（conscience）或对善的认识，它涉及一种特定的"自我否定"。他

183   相信，之所以聚焦于良知，是因为在中国传统中，哲学意在体验一种宇宙秩序，而这远超于任何现象。良知来自孟子，又被伟大的理学家王阳明（1472—1529）进一步发展。在王阳明这里，我们看到一种比孟子的学说更丰富的形而上学，它把自身限定在良知的道德意

---

343 牟宗三：《历史哲学》，《全集》第5卷，第205页。

涵中。对王阳明而言，良知是无知而无不知，而且它不限于人类，还
适用于世界上其他存在者，例如植物和岩石（草木瓦石也有良知）。
并不是说良知处处存在，而是可以把良知投射到每个存在者上：

> 若鄙人所谓致知格物者，致吾心之良知于事事物物也。吾
> 心之良知，即所谓天理也。致吾心良知之天理于事事物物，则
> 事事物物皆得其理矣。致吾心之良知者，致知也。事事物物皆
> 得其理者，格物也。是合心与理而为一者也。[344]

　　最高的认知是逆觉良知，是把它投射到每个存在者（格物）。
由此解释，良知就成了宇宙的精神，其根源在于儒家的仁。这种宇
宙精神是无限的。在这里，牟宗三结合了佛教和王阳明的思想，达
到了一种思想的一致性，或所谓统（综合意义上的整合）。接下来
的问题是：如果良知所占据的是道德主体而非认识主体，如果客观
的认识在良知中没有位置，那么这是否解释了为何中国没有现代科
学和技术？是否可以下结论说，只要中国继续依赖经典的儒家学
说，就永远无法发展出任何科学和技术？这正是新儒家的困境：如
何肯定儒家学说同时又接续现代化，而不是把这两者呈现为二方的
统。我们下面要考察的这个回应，是牟宗三思想中最精妙的部分，
然而我们要承认其中隐藏了某些弱点，削弱了他的现代化计划。

184

344　王阳明：《答顾东桥书》，《王阳明全集，卷二》，上海：上海古籍出版社，
1992年。

§18.2　牟宗三論良知之自我坎陷

　　牟宗三進一步發展了自我否定或良知之自我坎陷的概念，這個概念來自《易經》和王陽明的理學。在這裡，我們隨傑森・克羅沃（Jason Clower）把坎陷一詞翻譯成英文"self-negation"，[345] 盡管不甚準確。坎陷也是一種陷落，類似海德格爾的沉淪（Verfallen）。然而牟宗三在這裡用了一種非常主動的方式，提出一種自我的類型。它不是直接被給予的，相反它要求一種"自覺地坎陷"。因此這種陷落不是缺陷，而是良知的可能性的實現。由此或許能辨認出某種黑格爾的辯證法，但這種思想運動也可以從康德的審美判斷來解讀，它是一種啟發法（heuristics）——雖然這一點在牟宗三的寫作中並不十分清晰。有時他把這種活動稱為執，這個詞在佛教中常用來描述有意掌握某事物而非任其自流，或簡單地指依附於某事物。就此而言，它與黑格爾意義上的否定關係不大，而更像是自願的把握。用康德的話來說，對牟宗三而言，良知和落在良知之外的事物之間的關係不是建構性的，而是規定性的。良知不斷否定和限制自身，從而通過一種必要的曲折而達到它的目的：

　　　　故其自我坎陷以成認知的主體（知性）乃其道德心願之所自覺地要求的。這一步曲折是必要的。經過這一曲，它始能達，此之謂"曲達"。這種必要是辯證的必要，這種曲達是辯證的曲

345　牟宗三：《牟宗三後期著作》，克羅沃譯（San Diego, CA: California State University Press, 2014）。

达，而不只是明觉感应之直线的或顿悟的达，圆而神的达。[346]

"获得"或"达"的观念与宋明理学所说的良知与知识之间有线性的或直接的关系这一观念有关。但良知的确没有导致我们所说的科学这一知识形式。用良知之自我坎陷这一概念，牟宗三就可以宣称认知的主体仅仅是良知的可能性之一，因此同时具备两种精神也是可能的。在这里，牟宗三用了一个佛教的说法，一心开两门，[347]意思是宇宙的精神可以否定自身进而成为认知的精神——这一否定可以让它发展出科学或技术。现象属于认知的精神，本体属于宇宙的精神，后者也是康德所说的智性直观的源泉，然而：

> 它并不能真执持其自己。它一执持，即不是它自己，乃是它的明觉之光之凝滞而偏限于一边，因此，乃是它自身之影子，而不是它自己，也就是说，它转成"认知主体"。故认知主体就是它自己之光经由一停滞，而投央过来而成者，它的明觉之光转成为认知的了别活动，即思解活动。感性与知性只是一认知心之两态，而认知心则是由知体明觉之自觉地自我坎陷而成者，此则等于知性。[348]

牟宗三相信，靠坎陷的概念就可以把西方哲学（在康德意义上

346　牟宗三，《全集》第21卷，第127页。

347　这一短语来自佛教经典《大乘起信论》。

348　牟宗三，《全集》第21卷，第127–128页。

187 的知识论）系统地整合到中国的本体的存有论中。进而，牟宗三又提出了几个"翻译"，西方哲学家可能会感到怪异。第一，他把本体、现象分别与海德格尔意义上的存有论、存在者等同［牟宗三读过海德格尔的《康德与形而上学问题》（1927），因而把海氏词汇融入了自己的系统划分里］。第二，他把康德哲学中的神学的超越等同于经典儒家的天。由此，牟宗三清晰地划分了东、西方系统，但也同时把西方整合进东方的可能性中。

　　牟宗三对良知的分析里还有一个重点，他回到了儒家的政治哲学，也就是内圣外王。这一儒家图式沿着一条线性轨迹，我们先前提过：格物，致知，诚意，正心，修身，齐家，治国，平天下。但新儒家认为，这个由内到外的径直的投射里有一个问题。假如在过去，人们相信从帝王对美德、道德的培养到天下太平这一线性的进步，那么如今这已不再可能。与此不同，如今这一投射需要经过外部的曲折。换句话说，传统的投射方式不再是一种进步，而是退步。所以需要另一种轨迹，而这与良知必经的曲径产生了共鸣。在牟宗三关于政治哲学的著作《政道与治道》（1974）中，这一点十分明确，他写道：

188 　　　　外王是由内圣通出去，这不错。但通有直通与曲通。直通是以前的讲法，曲通是我们现在关联着科学与民主政治的讲法。我们以为曲通能尽外王之极致。如只是直通，则只成外王之退缩。如是，从内圣到外王，在曲通之下，其中有一种转折上的突变，而不是直接推理。这即表示：从理性之运用表现直接推不出架构来表现。[349]

　　牟宗三在这里提出，古代的图式不再有效，所以任何仍旧从古代文本和个人修养（虽然这些依旧重要）出发的计划都不再充分。与传统的政治和道德的关系的概念相比，他认为人们必须重新思考这个路径，要更优先考虑科学和技术——换言之，他含蓄地指出，实际上"曲径"必须由器来引导。

　　牟宗三与技术问题相关的哲学任务就此止步。与其他人不同，他希望将科学与技术问题带入形而上学语境，使之能和康德的系统以及传统中国哲学兼容。然而他没走更远，因为他的思想重道而轻器。牟宗三坚持认为，康德的哲学绝不是先验唯心主义的，而是经验现实主义的；与宋明理学家一样，他认为心与物不可分离。然而在牟宗三的著作中，心成了现象的认识、本体的认识的最终可能性。是什么使得心成了这样一个纯粹的起点？与费希特和谢林相似，牟宗三认为良知是无条件的，而根本区别在于，良知不是认知心的我（ich），而是宇宙心的我。如果良知能自我坎陷而成认知主体，且由于这一认知主体来自良知的自觉行动，所以它就与良知保持着连贯的关系。因此，当科学和技术以这样的方式发展出来，它们就是先天伦理的（a priori ethical）。换言之，从器道的话语来讲，我们可以说器是道的一种可能性。因此器与道的关系就不是相互性的，而是一种包含性的关系。这也是为何牟宗三的进路会被视为某

189

349　牟宗三：《全集》第9卷，《政道与治道》，台北：学生书局，1991年，第56页；郑家栋引用，《牟宗三》，台北：东大书局，1978年，第81页。

种唯心主义的原因。

那么牟宗三重新思考现代化计划的策略有多少价值？牟宗三的传记作者郑家栋指出：

> 百年来，维持民族的原本状态同时又能吸取西方知识，鱼和熊掌兼得正是中国人的梦想。"良知的坎陷"是这一梦想最精妙的哲学表达。然而梦想是否能实现则是另一个问题了。[350]

的确，牟宗三的"唯心主义式"形而上学的、文化的转型方案被中国的唯物主义运动忽略了，牟宗三曾强烈批判这一运动。无论如何，牟宗三的哲学计划没有被进一步发展是令人惋惜的。对他而言，共产主义与中国传统关联极少，相反它的的确确破坏了传统。另一条道路取代了传统，名为自然辩证法，它导致了我所说的形而上学（而并非西方哲学意义上的"metaphysics"）的终结，以及科学技术研究（Science and Technology Studies）这一新学科的出现。

§19　自然辩证法与形而上学的终结

马丁·海德格尔在很多情形下宣告过形而上学的终结：他认为尼采是最后一个形而上学家。在1964年的论文《哲学的终结和思的任务》（"The End of Philosophy and the Task of Thinking"）里，

350　郑家栋，《牟宗三》，第89页。

他宣称控制论的出现预示了哲学的终结。然而这一"终结"并非普遍的，虽然我们会看到，它是现代科技造成的一般趋势——我将这一"终结"描绘为"失向"（dis-orientation）。"形而上学的终结"并未在西方和东方同时发生：首先，metaphysics并不等于通常的中译，形而上学——前文中我们清楚地看到，形而上学的发展无法产生现代科学和科技；其次，在东方，形而上学的终结是以另一种形式发生的——器与道的分离。在中国，这一终结仅表现为某种20世纪的余震，它似乎是被延迟了，当现代化和随后的全球化这一新的命运强加过来，它才到达。在这个新的过程中，中国哲学不再扮演重要角色——而是仅仅促进了旅游和文化工业。

191

　　"李约瑟问题"依旧萦绕在20世纪中国知识分子心中。如果依照李约瑟和冯友兰的逻辑，可以说20世纪之前，中国从未有过一种技术哲学。我们已经看到，在某种意义上，中国只有自然哲学和与之相伴的道德哲学，它们调节着技术知识的获得与应用。在欧洲，也许可以说技术哲学在19世纪晚期才开始，首先经由恩斯特·卡普、马丁·海德格尔、弗里德里希·德绍尔和曼弗雷德·施霍特（Manfred Schröter）等人的著作，它才在德国的学院哲学中占得一席之地。然而，如前文所说，技术的问题在西方哲学里一直存在，而且可以确切地说，它在宇宙技术的意义上建构了西方的思想——即便它在某种意义上被压抑了，这沿用了贝尔纳·斯蒂格勒的论述，我们将在第二部分详细讨论它。

　　在中国有另一条轨迹，主要源于这个事实：自1949年起，新中国的方方面面开始坚持马克思主义意识形态。恩格斯的《自然辩证法》（*Dialectics of Nature*）和《反杜林论》（*Anti-Dühring*）广

192

为研习，成了发展社会主义科学的基础理论。自从《自然辩证法》1935年被译成中文，它在中国就成了一种"准则"，相当于西方的科学技术研究。[351] 在这两本书中，恩格斯想说明，唯物主义辩证法应该成为自然科学的主要方法。《反杜林论》也是对"柏林黑格尔主义的堕落"的回应，对自然的观念主义和形而上学解释在柏林占主导地位的批判。在《反杜林论》的第二版序言里，恩格斯写道：

> 马克思和我，可以说是从德国观念论哲学中拯救了自觉的辩证法并且把它转为唯物主义的自然观和历史观的唯一的人。可是要确立辩证的同时又是唯物主义的自然观，需要具备数学和自然科学的知识。[352]

恩格斯的唯物主义辩证法始于经验事实，并把自然视为一个持续进化的过程。我们可以把它简化为两个要点。第一，恩格斯试图论证，从植物到动物再到星云，每个自然的存在者都有其历史。恩格斯赞赏康德的《自然通史和天体理论》（*Universal Natural History and Theory of the Heavens*）（1755），其中康德已经提出，地球和太阳系的形成是一个进化过程。假使如此，那么按康德的宇宙论，一切地球上、宇宙中的存在者就必定存在于时间之内。恩格斯写

351　林德宏，《科技哲学十五讲》，北京：北京大学出版社，2014年。

352　F. 恩格斯，《恩格斯选集》（*Collected Works*）（London: Lawrence & Wishart, 1987），第25卷，第11页。

道："康德的发现包含了未来一切进展的出发点。"[353] 第二，以马克思的精神，恩格斯试图说明有一个"人化的自然"，一个人类通过劳动而感知到的自然。这一点对中国影响巨大，也许是因为"劳动在从猿到人转变过程中的作用"（The Part Played by Labour in the Transition from Ape to Man）这一章先于整部手稿的中译本出版，被单独翻译了，其中恩格斯详细阐述了达尔文的进化论。在这一章里，恩格斯强调，动物没有工具，所以只能利用自然，而人类在双手解放之后有了使用工具的能力，所以可以掌控自然。马克思主义哲学家、经济学家于光远（1915—2013），作为对邓小平的经济改革产生最深刻影响的一员而广为人知，他主导了《自然辩证法》的翻译工作，还在自己的著作中把"人化的自然"拓展为更具体的概念，"社会的自然"。这是一种第二自然，也是一种新"准则"。[354]

193

　　由于内战（1927—1937，1945—1949）和随后中苏关系的恶化，中国被迫从当时破碎贫乏的知识出发来发展科学和技术。1956年，于光远与几位自然科学家一道起草了"自然辩证法12年（1956—1967）远景规划（数学和自然科学中的哲学问题）"，同年创办了期刊。1958年毛泽东发起"向自然界开火，进行技术革新和技术革命"的国民运动，恩格斯的《自然辩证法》成为指导方法。至此，《自然辩证法》就不仅是对德国"黑格尔主义的堕落"和"滥用科学"的批判，同时也是理解自然进而"掌控"它的方法。

353　F. 恩格斯，《恩格斯选集》（Collected Works）（London: Lawrence & Wishart, 1987），第25卷，第324页。

354　于光远，《一个哲学学派正在中国兴起》，南昌：江西科学技术出版社，1996年。

194　　　"文化大革命"（1966—1976）一方面进一步破坏了传统，另一方面使《自然辩证法》成为中国科学和技术的基础。1981年，经邓小平批准，中国自然辩证法研究会（CSDN）成立。《自然辩证法》的影响力从而超出科学技术研究的范围，成了提高一切领域的生产力的"武器"。哲学家陈昌曙（1932—2011）负责在中国建立了"科学技术哲学"作为正式的、官方的学科。1990年他向国务院学位委员会提议，用"科学技术哲学"取代"自然辩证法"作为学科名称。[355] 陈昌曙自己的著作《技术哲学导论》[356] 是这一领域的重要教材。虽然这个新成立的正式学科取了新名字，但《自然辩证法》依旧是其历史性基石，尽管恩格斯的这本著作除了关于进化论的章节，没有任何与科技相关的内容。

　　　所以科学技术哲学在中国是相当晚近的，但出于对这一主题的重视，它背后有强大的动力。例如，哲学家乔瑞金的著作《马克
195　思技术哲学纲要》（2002）系统性地探究了中国对马克思主义技术批判的运用。林德宏的《人与机器：高科技的本质与人文精神的复兴》详细阐述了把科技纳入思考的新文科的可能性。[357] 我很同情这些努力，但让我惊讶的是，它们对中国及其与技术的关系的思

———————————

355　李侠（Xia Li）：《中国的科学哲学和STS：从共存到分离》（*Philosophy of Science and STS in China: From Coexistence to Separation*）《东亚科学、技术与社会：一份国际期刊》（*East Asian Science, Technology and Society: An International Journal*）5（2011），第57–66页。

356　陈昌曙：《技术哲学导论》，北京：北京科学出版社，1999年。

357　林德宏：《人与机器：高科技的本质与人文精神的复兴》，南京：江苏教育出版社，1999年。

考缺乏连续性，甚至缺乏一致性。也就是说，除了李三虎和王前，这种关于科技的哲学仅仅想把技术哲学（Technikphilosophie）或科技哲学（Philosophy of Technology）引进中国，再配合马克思主义科技批判，来同化它们。对于前文提到的这些作者，以及一些当代哲学家，如卡尔·米切姆（Carl Mitcham）、赫伯特·马尔库塞（Herbert Marcuse）、安德鲁·芬伯格（Andrew Feenberg）、阿尔伯特·伯格曼（Albert Borgmann）和休伯特·德雷福斯（Hubert Dreyfus），仿佛中国和欧洲对技术的理解是相同的。所以说欧洲哲学的普遍化是药性的（pharmacological），虽然它或许拓宽了交流，但它的主宰也封闭了任何深化对话的道路。

我们或许可以将这一情形叫作作为形而上学的终结：在中国思想中的形而上思考维系了人类—宇宙系统的一致性，但它被打断了，让一种介稳态（metastability）再也无法恢复。我把这种情况称为"失向"（dis-orientation），它有两个含义：首先，它是一种全面地失去方向：人发现自己身处海中央，既看不见来处也看不见去处——这正是尼采在《快乐的科学》（*The Gay Science*）中所描绘的场景。其次，与西方不同，被否定的东方不再是东方，而这使得西方也失去了东方的视野。换句话说，科技的聚合与同步造成了一种同质性。过去30年来，中国的技术哲学积极回应着科技全球化和中国的经济增长，然而那种把中国和西方的技术概念等同，或者让后者凌驾于前者之上的倾向，正是全球化和现代化的症候，它进一步遗忘和脱落宇宙技术的问题——所以说，这个问题在中国遭受着它自己的"遗忘"，而这与海德格尔所描述的遗忘不一样。

科技理性已经扩张到如此程度：它是一切条件的条件，一切原

197

则的原则。一种总体性正通过技术系统而形成，就如雅克·埃吕尔在20世纪70年代所预言的一样。[358] 要抵抗这种科技理性，就必须提出其他理性形式，建立新的动态和秩序。加速主义诉诸普遍主义，企图撤除任何一种殖民主义所强加的文化。然而它的普遍主义却取自"普罗米修斯式"的科技概念，它为之斗争，但从不拷问其文化特殊性。这种情况下，技术的范畴本身被耗尽，其中仅仅包含了一种命运。要超越这种加速主义式的普遍化，就需要重新思考、重新发明技术多样性，以及各种技术性与自然——以及与宇宙——的多种关系。在人类世里，中国要避免文明的总体毁坏，唯一希望是如牟宗三所做那样，发明思想和创造的新形式，但这一次需要以不同的方式进行。这要求中国绕过"唯心"与"唯物"的对立，并在牟宗三所说的本体的与现象的存有论之间找寻别样的接合点。要达成这些，就需要宇宙技术上的思考，需要发展一种思想形式，让器的进一步发展不脱离道和宇宙论意识。在第二部分中，我们将通过梳理时间与现代性的关系来进一步阐释这一问题。

358 J. 埃吕尔，《科技系统》（The Technological System）（London: Continuum,1980）；这本书可理解成对西蒙东《论技术物的存在模式》的延伸。进一步的分析参见许煜《科技系统和去象征化问题》（Technological System and the Problem of Desymbolization），H.杰昂尼默（H. Jerónimo）、J. L. 贾西亚（J. L. Garcia）、C. 米切姆编，《雅克·埃吕尔与21世纪的科技社会》（Jacques Ellul and the Technological Society in the 21st Century）（Dordrecht: Springer, 2013），第73-82页。

第二部分　现代性与技术性意识

§20　几何学与时间

我们于第一部分指出，尽管在中国，西方的"技术哲学"是外来的，但通过对器道关系的历史性阐释，我们依然能从中国哲学发掘出一种"技术思维"。在第二部分，我们要探讨当中国的技术思维与有漫长哲学传统的西方技术思维相遇时，会发生什么。中国并不存在欧洲意义上的"现代性"，中国的现代化展开于两种技术思维碰撞之后。这一碰撞是两种时间结构间的张力，但这需要我们重新思考现代性问题本身。整个20世纪，先是在欧洲，宣称必须"超越现代性"，接着是在日本传播开（尽管动机有所区别），而如今在环境危机和接踵而来的技术灾难之中，几乎到处能听到这种说法。但这些呼声最终唤来的——那些主张要回归古代宇宙论或本土存有论的人类学家似乎忘记了这一点——却是战争和形而上的法西斯主义。通过在上述两种思维模式的碰撞中重估现代性问题，我想提出这样一种观点：回到"传统存有论"是不够的，我们必须重新发明自己时代的宇宙技术。

李约瑟是否已经回答了为何现代科技没有在中国产生这一问

题？20世纪的中国知识分子又是否圆满回答了李约瑟的问题？李

202 约瑟确实给出了一种对各因素的系统分析，他走得比单纯的社会构成主义更深入。他的分析考虑到科举制度、哲学神学因素、社会经济因素，这深刻地影响了一种独特文化的形成。这些因素共同组成一个集合，它体现着构成中国历史的各种倾向、力量和偶然性。然而，恐怕李约瑟的分析还不足以解释现代科技在中国的缺失，这一问题还涉及中国哲学体系更根本的东西。要想理解它，我们还得更进一步。如果李约瑟指出，中国哲学基于一种"有机"而非机械的思维方式——虽然这种划分还是很有疑问的，那么牟宗三则提出，中国哲学的特点在于对本体存有论（noumenal ontology）的关注，这体现在它试图让经验指向无限的倾向。似乎按照中国哲学的思维方式，宇宙的结构和性质与西方有所不同，人类的位置及其认识方式在中国哲学思维方式中是顺应宇宙的，这种规定也与西方不同。

我们接下来会看到，根据汉学家的观察，中国古代并没有发展出一种系统的几何学（即空间的知识[359]），他们对时间的理解也与西方甚为不同。中国式思维的特点是它相对缺乏几何学的公理系统和对时间的详尽制定，接下来我们尝试讨论这种说法意味着什么。

203 ## §20.1　中国古代几何学的缺席

李约瑟提到过中国古代没有与西方一样成熟的几何学，但却

---

[359] 斯蒂格勒、艾利·杜灵（E. During）：《意外地哲学思考》（*Philosopher par accident*），（Paris: Galilée, 2004），第52页。

有相对发展的代数学。[360] 当然，这不是说中国古代没有几何学知识——它确实有因为中国的历史也可看作治理长江黄河（频发洪水，时而干旱）的历史。而治理河流必然要用到几何学知识、测量和计算。李约瑟的意思是，系统的几何学知识在中国诞生得很晚，可能直到17世纪末耶稣会传教士将欧几里德的《几何原本》翻译成中文时才出现。一些历史学家认为《九章算术》（公元前10世纪至公元前2世纪）和数学家刘徽（3世纪）的评注已经体现了发达的几何学思想。[361] 然而后者和希腊几何学有本质区别，因为《九章算术》并没有建立起一个包含公理、定理和证明的形式演绎体系。事实上，"和强调几何学的古希腊数学家不同，中国古代数学家的成就主要在计算方面"。[362] 其他历史学家也已表明，中国古代数学并未发展出一个"完备的结构性理论体系"。[363] 例如人们认为张衡提出了太阳、月亮和行星沿着环形轨道运行的假设，但由于缺乏公理体系，他没能进一步推进这一发现。几何学和逻辑系统只有在17世

204

360　李约瑟：《中国科学传统的贫乏和胜利》（*Poverties and Triumphs of the Chinese Scientific Tradition*），第21页。

361　梅荣照：《刘徽的数学理论》（*Liu Hui's Theories of Mathematics*），见范岱年、罗伯特·科恩（R. S. Cohen）编，《科技史和科技哲学中的中国研究》（*Chinese Studies In the History and Philosophy of Science and Technology*），（Dordrecht: Springer, 1996），第243–254页。

362　同上，第244页。

363　金观涛、樊洪业、刘青峰：《历史中科技的结构：自17世纪以来中国科技发展迟于西方的一个原因（第一部分）》（*The Structure of Science and Technology in History: On the Factors Delaying the Development of Science and Technology in China in Comparison with the West since the 17th Century*），见范岱年、科恩编，《科技史和科技哲学中的中国研究》，第137–164页。

纪利玛窦和徐光启把欧几里德的《几何原本》译成中文之后才开始发展。徐光启意识到"逻辑是其他研究的先驱，也是理解许多其他科目的前提"，因此试图把几何学和逻辑当作新科学的奠基石。[364]

当然，几何学在古希腊是一门相当重要的科目，爱奥尼亚哲学家的哲学式理性化与几何学的发明密切相关。泰勒斯是人们所知的第一个爱奥尼亚哲学家，也是几何学的先驱，他运用关于三角形性质的几何知识计算出了金字塔的高度，测量了太阳和月球的直径。泰勒斯认为世界是由一种同质元素构成的，该假设是几何学考察秩序、量度和比例的必要前提。[365] 且我们不能忘记，至少根据希波吕托斯（Hippolytus）的说法，毕达哥拉斯将天文学、音乐和几何学结合在一起。[366] 这一理性化也是柏拉图《蒂迈欧篇》中天体演化论的核心，书中神成为了一个根据不同几何比例制作容器（chōra）的工匠。正是这种精神促使希腊几何学取得了不起的成就。这种理性化活动在亚历山大的欧几里德那里登峰造极，他将数学原理表达为一系列公理，从中推演出的定理可以构成一个完整、自洽的体系。

古希腊人在几何学方面十分发达，但据说他们并不擅长代数。这方面最好的例子是阿基米德的《螺旋线》（*On Spirals*），书中这

364　金观涛、樊洪业、刘青峰：《科技结构的历史性变化（第二部分：评论）》（*Historical Changes in the Structure of Science and Technology*），第165–184页。

365　P. 克拉维耶（P. Clavier）：《宇宙》（*Univers*），见德尼·康布什尼（D. Kambouchner）编，《哲学的概念》（*Notions de Philosophie*），1（Paris: Gallimard, 1995），第45页。

366　C. 瑞德维（C. Riedweg）：《毕达哥拉斯：生平、学说和影响》（*Pythagoras, His Life, Teaching, and Influence*）（Ithaca and London: Cornell University Press, 2002），第25页。

位数学家机械地描绘了如何不用任何符号和等式画出螺旋线。正如数学家乔治·塔巴克（John Tabak）观察到的，"希腊人对代数不怎么感兴趣，而我们画出新曲线主要取决于代数能力"。在古希腊最后一位重要几何学家亚历山大的帕普斯（Pappus）的时代，希腊人已经比较完备理解了线、面和体，但"对希腊人而言，描绘出几乎任何一条曲线都是挑战"。[367] 到了中世纪，尽管几何学依然是自由七艺之一，但因为它与神学融合，几何研究放缓了。这段时期的重要事件是希腊几何学被重新介绍给罗马：约1120年，巴斯的阿德拉德（Adelard of Bath，1080—1152）第一次将欧几里德的《几何原本》从阿拉伯语译成拉丁语，这是个标志性事件，之后15世纪末的巴托洛米奥（Bartolomeo Zamberti，1473—1543）又从希腊语译成拉丁语。[368] 文艺复兴期间，几何学的发展部分是由艺术创作推动的，尤其是绘画：这时发展出了一种将三维物体投射到二维平面的技术，它引发了我们今天所说的射影几何（projective geometry）。到了16、17世纪，由开普勒、伽利略和牛顿所代表的欧洲现代科学的发展可以说是几何化精神的体现。1953年阿尔伯特·爱因斯坦的一段评论经常被包括李约瑟在内的许多人引用，他说：

> 西方科学的发展基于两项成就：希腊哲学家发明形式逻辑

206

367　J. 塔巴克（J. Tabak）：《几何学：空间和形式的语言》（*Geometry: The Language of Space and Form*）（New York: Facts on File, 2004），第36页。

368　C. 斯克里巴（C. Scriba）、P. 施赖伯（P. Schreiber）：《几何学五千年：历史与文化中的几何学》（*5000 Years of Geometry: Mathematics in History and Culture*），J. 施赖伯（J. Schreiber）译（Basel: Springer, 2015），第231、236页。

体系（体现在欧式几何中），以及发现通过系统化的实验找到
因果关系的可能性（文艺复兴时期）。在我看来，中国先贤没
能取得这两项成就并不令人惊讶，做出这两项发现才是令人惊
讶的。[369]

207　　爱因斯坦将几何学称作"形式逻辑体系"的说法可能会让我
们想起本书第一部分所讨论的中国思想的发展：正如冯友兰所说，
孟子等儒家学者压抑了提倡逻辑和技术的墨家思想，前者提倡的是
一种基于道德宇宙论的观点。在爱因斯坦看来，西方取得的第二项
成就是通过实验发现因果关系。这种对因果秩序和"自然法则"的
探寻是哲学地考察自然的一种特殊形式，它意味着从具体经验向抽
象模型的转移。李约瑟提了一个关于中国思想的问题：欧洲16、
17世纪以来"自然法则"概念的出现，是否可以说是科学与技术的
发展造成的？[370] 凯瑟琳·舍瓦莱（Catherine Chevalley）做出肯定
的回答，她指出欧洲这个时期有三项重要的科学进展：①视觉的几
何学化（开普勒）；②运动的几何学化（伽利略）；③实验条件的

369　爱因斯坦，给斯威策（J. S. Switzer）的信，1953年4月23日，见A. C. 克龙比
（A. C. Crombie）编，《科学变革：从古至今科学发现和技术革新的思想、社会和技
术史研究》（*Scientific Change: Historical Studies in the Intellectual, Social, and Technical
Conditions for Scientific Discovery and Technical Invention, from Antiquity to the Present*）
（London: Heinemann, 1963），第142页。

370　J. 李约瑟：《中西方人的法则与自然律1》（*Human Laws and Laws of Nature in
China and the West I*），*Journal of the History of Ideas* 12:1（January 1951），第3–30
页；《中西方人的法则与自然律2：中国文明与自然律》（*Human Laws and Laws of
Nature in China and the West II: Chinese Civilization and the Laws of Nature*），*Journal of
the History of Ideas*, 12:2（April 1951），第194–230页。

明确规定（波义耳、牛顿）。几何学在这三项进展中都发挥了关键作用，因为它允许科学知识与日常经验的分离。在第一个例子中，开普勒借用普洛替诺对光是一种发散（emanation）的理解，反对亚里士多德对光的实体论定义，并表明视网膜上图像的形成是一个遵循几何学法则（如衍射和倒像的几何学扭曲）的复杂过程。类似地，伽利略的运动法则几何学化也取代了亚里士多德式的"变化（metabolē）"概念—作为实体的变形与偶性（生成或毁灭）。伽利略的思考是从设想理想的真空环境开始的，在真空中质量不同的物体下落的速度一致，这和直观中人们对重的物体下落快的信念相悖。[371] 几何学的必然为真性（apodictic）与直观的易错性相对立，伽利略《关于托勒密和哥白尼两大世界体系的对话》中的一段文字体现了这种力争方法论的确定性—它不受人类错误和判断的变迁影响—的努力：

> 如果我们在此争论的是个法律问题，或者是所谓人文研究的一部分（没有对错之分），那么我们或许就要对机智的深刻、回答的敏锐和作者的成就予以足够的重视，希望一个在这方面更精通的人能给出更可靠、更合理的解释。但自然科学的结论是真实和必然的，与人的判断无关。[372]

208

371　C. 谢瓦莱（C. Chevalley）：《现代哲学中的自然与法律》（*Nature et loi dans la philosophie moderne*），见《哲学的概念》I，第127–230页。

372　引自C. 班巴奇（C. Bambach）：《海德格尔，狄尔泰与历史主义的危机》（*Heidegger, Dilthey, and the Crisis of Historicism*）（Ithaca and London: Cornell University Press），第50页。

爱因斯坦关于欧洲几何学的先进性的判断是有道理的。事实上，如果我们回顾一下宇宙论从它的神话起源到现代天文学（经由托勒密、哥白尼、第谷·布拉赫、开普勒和牛顿）的发展史，便会发现在各个阶段，它本质上都是几何学问题。[373] 甚至爱因斯坦将重力等同于四维时空的曲度的广义相对论，本质上说也是一种几何学理论（尽管不是欧式几何）。

§20.2 几何化与时间化

但与其把话题局限于作为数学科目的几何学，我们不如把几何与时间问题结合起来进一步探讨。在我看来，时间与几何／空间及两者的关系的论述对于西方技术概念，及其向有效的记忆术体系的进一步发展而言很关键。提出这一问题后，我们就要把关注点从抽象化（abstraction）转向意象化（idealisation）——也就是说从心理抽象转向以外在的几何形式进行的意象化。我们必须把意象化与观念直观（ideation）区分开，因为后者涉及的仍然是思维中的理论抽象：比如，我们可以设想一个三角形（一种本质直观），但三角形必然为真性，只有当它被外化（比如画出来）时才能被普遍接

373　H. S. 克拉格（H. S. Kragh）：《宇宙的概念：从神话到加速的宇宙——宇宙论史》（*Conceptions of Cosmos: From Myths to the Accelerating Universe: A History of Cosmology*）（Oxford: Oxford University Press, 2013），书中克拉格根据从欧式几何向非欧几何（黎曼几何）演变的历程建立起了宇宙的历史。

受。[374] 在这个意义上，意象化包含一种外化，无论是通过写还是画。我们对几何、时间和技术的关系的分析可以总结为如下几点：①几何需要，且允许将时间空间化而这就涉及到；②以技术手段进行的外化与意象化；③几何的逻辑自明性允许逻辑推断及因果关系的机械化；④依赖着这种机械化的技术物和技术体系又反过来参与了时间性（经验、历史和历史性）的建构。

210

几何化在这几种意义上可以说是时间的空间化：首先，它以视觉形式表现了时间的运动（无论是线性的还是圆锥曲线式的）；其次，它将时间空间化和外化了，之后人们就能以意象化的形式回忆起这段时间（等我们讨论斯蒂格勒的观点时还会回到这一点）。而我的假设（尽管它还仅是推测）是，不仅中国没有发展出像西方那样系统性的几何学，中国对时间问题的讨论方式也和西方不一样；这两点结合在一起，部分地导致中国的技术概念和西方的大不相同，或者说从当代西方哲学对技术与时间关系的理解上来看，中国似乎对技术问题缺乏思考。这一论点乍看上去可能很令人困惑，为了解释它，我将首先梳理中国关于时间问题的讨论概要，接着分析时间和几何学的关系，最后综合它们与技术的关系。

葛兰言[375] 和于连等汉学家都提到过中国思想语境下的时间问题，两人都论证说，中国没有线性的时间观，只有"时"，意思是

374　这个观点是我从贝尔纳·斯蒂格勒的许多长篇讨论中总结出来的，我对本质直观和意象化的区分也来自他。

375　M. 葛兰言，《中国思想》（*La pensée chinoise*）（Paris: Albin Michel, 1968），第55–71页。

"时机（occasions）"或者"时刻"。传统上中国人是按照四时，即四季安排生活的。[376] 于连也观察到，这种对时间的构想与《淮南子》（见上文第一部分的讨论）紧密相关，这本书概括地说明了政治与社会准则同季节更替的关系。于连指出，按中国文化对时间的理解，季节的循环运动是第一原则，这与亚里士多德以来的传统截然不同，后者基于这样一种对时间的构想：时间是从一点到另一点、一种形式到另一种形式的运动，并与量和距离有关。[377] 时间自

211

---

376 但这一点还有争议：按照中国史学家刘文英的说法，对四季的区分是西周末年（1046—771 BC）才出现的。在那之前一年只分成春秋两季，见刘文英《中国古代时空观念的产生和发展》，上海：上海人民出版社，1980年，第8页。且刘文英的这一观点也还有待进一步证实，因为可以从商朝（1600BC—1046BC）起，就有天干地支的纪年法，它以六十年为一循环，这一体系也与用于占卜的《易经》整合在了一起，后者也需要计数。但葛兰言和于连论证说，中国并没有就时间概念展开详细讨论，他们认为尽管中国也有记日纪年法，中国人对时间的认识和理解依然是与具体事件紧密相关的，而不是抽象时间。此外，古代中国人也是制表方面的先驱：张衡（78—139）成功地用水流带动了浑天仪，之后博学的苏颂（1020—1101）制造了世界上第一座钟"水运浑天仪"（1088）；因此不仅中国自汉朝就有了对时间的机械化和计量（历法学），那时的历法早已很发达了。见J. 李约瑟、王玲、德索拉·普莱斯（D. J. de Sollar Price），《绝妙的钟表，中国中世纪伟大的天文钟》（*Heavenly Clockwork The Great Astronomical Clocks of Medieval China*）（Cambridge: Cambridge University Press），2008年，第7页，苏颂的机械于1214年被废弃了，因为朝代更替时很难把它运至新都，也没人能看懂苏颂留下的手稿，无法重新做一架。16世纪之前的中国无疑在技术的许多方面都处于领先地位，但这里我们应当反思的是，是否历法的存在就暗含着对时间概念化的"阐述"。这两点不必然能相互推导出。

377 在亚里士多德的《物理学》中，时间是"运动的量"，是通过"在先"和"在后"被定义的，我们可以在《物理学》200b5-12处找到他对时间的清楚定义，时间是1.运动，2.数，3.间隔。"时间同时在各个地方都是相同的，但在先的和在后的时间并不相同，因为当下（阶段a）的运动是一种，过去和未来（的阶段）各不相同。且时间是数，它不是我们借以计数的东西，而是一种被计数的东西，更先的和更后的总不相同，因为当下各不相同。（类似地）100匹马和100个人的数量相同，但是这一数量的东西，马或人，是不同的。"引自博斯托克（D. Bostock），《空间、时间、物质与形式，论亚里士多德的物理学》（*Space, Time, Matter, and Form. Essays on Aristotle's Physics*）（Oxford: Oxford University Press），2006，第141页。

古就被理解为"时刻-间（inter-momentary）"，人们是从"两点间的运动"的角度理解时间的（我们或许可以说这是对时间的最初的空间化，即一种几何化，并将其与接下来要讨论的"第二次空间化"相区别）。在古希腊人那里，时间是"之间"（metaxu），在斯多葛学派那里时间是"间隔"（diastama），对奥古斯丁来说它是"我们感觉到的时间间隔（sentimus intervalla temporum）"[378]，但正如于连所说，这种作为间隔的时间观念只有到了19世纪，在中文借用日文（じかん）这一翻译之后才传进中国。[379]

另一方面是，我们可以从中国对宇宙／世界（cosmos／universe）[380]的理解中找到另一种含义更广的时间概念。"宇"指空间，"宙"指时间。从词源上讲，"宙"原本是指马车的轮子，时间的比喻义来自车轮的循环运动。[381]四时同样也是循环的，它根据季节的变化分为二十四个节气。如3月5、6日是惊蛰，这个词字面含义为"昆虫惊醒"、冬眠结束。在《易经》，"时"也指时机，比如人们会说"察时""明时""待时"等。[382]"时"也与"势"相关，于连将后者译作"propension"（法语，通常译为倾向），可以理解为（尽管有些简化）情境化的思考（situational

212

213

378 于连，《论时间》（*Du Temps*），第74页。

379 同上，第73页。

380 "cosmos"和"universe"在中文里都译作"宇宙"。

381 刘文英，第21—22页。

382 黄俊杰：《儒家思想与中国历史思维》，台北：台湾大学出版社，2014年，第3页。

thinking）[383]——继马赛尔·德蒂安（Marcel Detienne）和让-皮埃尔·韦尔南（Jean-Pierre Vernant）之后，于连也指出我们可以在古希腊找到类似的思维方式，他们称之为"机智（mētis）"，德蒂安和韦尔南将这个词润色为"狡黠的智慧"[384]。不过尽管智者对"机智"概念有所发展，这种思维方式还是被压抑和排除在"希腊化科学"之外。在于连看来，"时"和"势"的联系也是对观念主义者从主体或自我出发的思维倾向的颠覆。这一关联更接近于连所说的同外在世界的跨个体（transindividual）关系：建构起主体的并非求知的意志或欲望，而是外在和横穿了主体的东西。[385]

因此我们可能会好奇在中国人的思维中，真理是否并不构成真正的哲学问题。相反，古希腊哲学家对必然为真性的寻求使几何学成为再现宇宙（时间和空间）的主要方式，因此就允许通过技术对经验的时间化进行重构。斯蒂格勒论证说，西方的几何与时间的关系在苏格拉底对美诺提出的美德问题的回答中也有所体现。斯蒂格勒表明，几何学本质上是技术性和时间性的，因为它需要一种书写和图式化（schematisation）。斯蒂格勒巧妙地把几何问题重构为时间问题，或者我们可以说是再-时间化（re-temporalisation）的问

214

---

383 F. 于连：《论有效性》（*Traite de l' efficacite*）（Paris: Editions Grasset），1996。葛兰言也强调过这一点，他把中国的空间概念描述为"有节奏的、几何式的"，然而要留意他实际上谈的不是空间，而是风水。

384 M. 德蒂安、J. 韦尔南：《希腊社会和文化中狡黠的智慧》（*Cunning Intelligence in Greek Culture and Society*），J. 洛埃（J.Lloyd）译（Chicago: University of Chicago Press），1991年。

385 于连，《论时间》，第84页。

题。我们记得在《美诺篇》中，美诺向苏格拉底提出一个悖论：如果你已经知道美德是什么，就不用再去寻找它了，然而如果你不知道它是什么，即使遇到了它，也无法将它辨认出来。结论是一个人永远无法知道美德是什么。苏格拉底以这样一种计策回应了美诺的挑战：他曾经知道美德是什么，但忘记了它，因此需要一些帮助才能回忆起来。苏格拉底通过叫一个未受教育的年轻奴隶在沙地上画图、解决一个几何问题，来展示了这一回忆（anamnesis）过程。对于斯蒂格勒而言，苏格拉底的做法体现了记忆的技术性外化：正是沙地上的记号（一种技艺形式），使奴隶能够根据这个几何问题的线条，"回忆"起被遗忘的真理。正如斯蒂格勒所说，如果我们把存在理解为时空的在场，那么诸如点、线一类的几何学要素并不真的存在。当我们在沙地上画一个点或者一条线时，画出的并不真的是点，而已经是面了。几何学的理想性（ideality）需要书写这种作为外化的图式化手段的辅助：[386]

　　几何学是空间的知识，而空间是一种直观形式。把空间本身思考为一种先天形式，假定了一种投射能力，它在图形中体现出来。不过，关键是要注意到投射是一种外化，它不仅使直观得以投射，它还建构起了一个持留性的（retentional）空间，即一种对记忆的支撑，它一步步地支撑起时间流的推理 215

386　见B. 斯蒂格勒、艾利·杜灵，《意外地哲学思考》（Paris: Galilee），2004年，第2节。

（reasoning of the temporal flux），也就是思考着的理性。[387]

　　根据斯蒂格勒的解构，柏拉图的那种作为回忆的真理概念就必定需要一种技术维度的增补，而柏拉图未能正面讨论这一主题。斯蒂格勒将这种"在沙地上描画线条"（即记忆的外化）称为第三持留（tertiary retention），作为对胡塞尔《内时间意识现象学》中提出的第一持留和第二持留的补充。[388] 当我们听一段旋律，立即保留在记忆中的是第一持留，如果我第二天再想起这段旋律，这就是第二持留。而斯蒂格勒的第三持留则可以说是乐谱、唱片之类的记录设备，它将旋律外化为意识范围外的一种稳固、可持续的形式。

　　斯蒂格勒在此沿着德里达《胡塞尔〈几何学的起源〉引论》一书的思路继续分析下去。德里达肯定了胡塞尔本人所说的，即几何学的起源是从一代人到下一代人的沟通或传承（communication from generation to generation）的观点，但他补充说这只有通过确保了"对象以及它的绝对客观性的绝对传统化（traditionalisation）"的书写活动才可能。几何学不仅是在沟通（画下的图形）中被建构的，它本身也是沟通的构成部分，即"正-字"（ortho-graphs），

387　见B. 斯蒂格勒、艾利·杜灵，《意外地哲学思考》（Paris: Galilee），2004年，第52页。

388　胡塞尔，《内时间意识现象学》（1893—1917），J. B. 布拉夫（J. B. Brough）译（Dordrecht: Kluwer），1991年。

否则几何学的"自明性"或必然为真性就无法被保留下来。[389] 斯
蒂格勒进一步深入这一话题，并将它与勒鲁瓦-古汉的外化（见导
论）的概念结合在了一起。对斯蒂格勒而言，技术物构成了"后
种系发生记忆（Epiphylogenetic memory）"，它是一种"我从未
经历过的过去，但也是我的过去，不然我就不可能形成自己的过
去"。[390] 后种系发生记忆不同于遗传记忆（genetic memory）和个
体发生记忆（ontogenetic），用斯蒂格勒的话说，它是一种存在于
语言、工具的使用、商品的消耗和仪式活动中的"技术-逻辑记忆
（techno-logical memory）"[391]。因此我们可以说，技术（作为几何
思维的意象化）将时间刻写了下来，并引入了时间的另一维度，正
如斯蒂格勒所表明的，海德格尔的《存在与时间》并未充分讨论这
一维度。

§20.3　几何学与宇宙论的特别性

如果说斯蒂格勒能从对柏拉图的阅读和对海德格尔的解构中，
得出西方哲学中作为技术的时间概念，那么我们似乎无法对中国古

389　"画下的图形和书写是几何学的两个必要条件，即外在性的两个维度。只有当
一个图形的各个要素（点、线、面、角、弦等）被以一种将它们设定为理想性的语言
定义时，才会有几何学。但这种语言只有在图形的基本要素被正字地记录下来（or-
thographically recorded），使思想能一步步，'一字字'地进行而不损失任何语义内
容的情况下，才能以这种方式把图形的各个要素定义下来。" 斯蒂格勒，《意外地
哲学思考》，第54页。

390　斯蒂格勒，《技术与时间》，第一册，140页。

391　同上，第177页。

217
代哲学做同样的事。我们得承认，"技术刻写了时间"这个说法是一个存有论的普遍命题。勒鲁瓦-古汉的技术人类学已经表明，应当把技术理解为记忆的外化与器官的解放，因此技术设备的发明和使用也是一种"人化"（hominisation）的过程。工具的使用与双手的解放，以及书写的发明与大脑的解放，是两组对应的活动，正是它们定义了作为物种的人。换句话说，安德烈·勒鲁瓦-古汉从技术物的发明和使用的角度提出了一种人类进化理论。但技术的经验与宇宙论相关，并部分地被它决定，正是在此意义上，我们要坚持宇宙技术的重要性。技术物作为器官的延伸也在身体层面上发挥功能，作为我们的义肢，技术物在身体和功能方面都是普遍的，但在宇宙论的意义上它却并非普遍。也就是说，只要技术受到宇宙论思维的驱动和限制，它就会具有除了单纯的身体性功能外的其他意义。例如，不同文化可能有同样的历法（如以365天为一年），但这不是说它们对时间的概念和体验也相同。

　　那么，正如我们在导论中提到的，勒鲁瓦-古汉自己也提出了一种关于不同环境下技术发明的异同的全面理论，这一理论基于两个普遍概念：技术倾向和技术事实。[392] 技术倾向是技术演进过程中出现的普遍倾向，例如燧石的使用和轮子的发明。而技术事实与这种倾向的特殊表达相关，后者是被特定的社会-地理环境规定的：

218
比如发明出适应于特殊的地理环境的工具，或采用某些特定符号。

　　不过即使我们同意勒鲁瓦-古汉的观点，把记忆的外化看作普

392　安德烈·勒鲁瓦-古汉，《环境与技术》（*Milieu et Technique*），1943（Paris: Albin Michel, 1973），第424–434页。

遍的技术倾向，这却无法为我们解释为什么不同文化进行外化的速度和方向各不相同。也就是说，它并不能解释外化过程是如何被特定条件——不仅是生物和地理性条件，还包括社会性、文化性和形而上学的条件——决定的。正如我们在导论中所说，勒鲁瓦-古汉试图就环境的特殊性及其与其他族群和文化的交流出发，分析不同技术事实的区别。但他的关注点主要是描述技术物以及其物质性。事实上，这正是勒鲁瓦-古汉独特的研究方法的长处，但他没能充分考虑到宇宙论问题。[393] 对他而言，生物性条件才是造成技术事实的差异的首要因素，因为这对求生而言是最关键的：例如，人们发明碗一类的容器是为了不用总是去河里取水。地理条件的重要性显而易见，因为特定地区的气候环境可能更适合这种而不是那种发明。在《风土》（*Fûdo*）一书中，日本哲学家和辻哲郎（Watsuji Tetsurō）回应了海德格尔的《存在与时间》，他甚至论证说环境也决定了居民的性格和美学判断。[394] 日语中"風土"一词是由"风"和"土"两个汉字组成，和辻哲郎区分了三种"风土"：季风、沙漠和草原。举个简单的例子来说，他认为亚洲受季风的影响很大，这导致季节性变化相对不明显、人的性格也更随和。尤其是天气暖和、自然物产丰富的南亚，人们无须辛苦劳动就能活下来，也不用担心每天的生计问题。类似地，他说中东沙漠地区自然资源的缺乏

219

393　《话语与姿势》（*Speech and Gesture*）中的确谈到了城市发展和宇宙演化学的关联，但勒鲁瓦-古汉只把后者理解为一种象征形式。

394　和辻哲郎，《气候与文化：哲学研究》（*Climate and Culture: A Philosophical Study*）（《風土》，*Fûdo*），G. 博纳斯（G. Bownas）译（Westport, CT: Greenwood Press，1961）。

使得人与人之间十分团结，因此即使犹太人流落他乡，还是紧密地联系在一起。而欧洲的草原环境季节变化清晰、有规律，这向人们暗示了自然法则的一贯性和通过科学掌控自然的可能性。至于希腊的风土和几何学发展的逻辑（体现在希腊艺术和技术中），和辻哲郎也观察到了很有意思的一点：早在雕塑家和画家菲迪亚斯（480—430 BC）之前，希腊雕塑就已经同毕达哥拉斯派的几何学有紧密联系了。在几何学诞生前，希腊艺术已经展现了观察或思索（thēoria）的"几何式"模型，这是由"明媚""无所遮掩"的风土决定的：

> 因此希腊气候为他们不受限制地展开观察提供了独一无二的机会。希腊人观看着他清晰、明亮的世界，一切事物的形态都鲜明而清晰，在彼此竞争中人的观察可以不受限制地推进……对晴朗、阳光明媚的自然的观察使主体自然而然地形成了同样晴朗、明媚的性格。这在雕塑鲜明而清晰的形态、建筑和理想主义的思维中体现了出来。[395]

和辻哲郎把这种"纯粹的观察"同亚里士多德的作为本质（ousia）的理型（eidos）的概念关联起来，也可以把它与亚里士多德的形质论（hylomorphism）、柏拉图的理型论（现实存在体现理念）联系起来。几何式的理性对于作为希腊文化特征的艺术和技术

395　和辻哲郎，《气候与文化：哲学研究》，第86页。

的发展而言十分关键。尽管罗马人没能继承希腊艺术的遗产，他们却延续了希腊的几何式的理性，因此和辻哲郎说，"通过罗马人，古希腊理性确立了欧洲的命运"。[396] 相比之下，中国和日本的风土很少有希腊那么晴朗，这些地区常常薄雾笼罩、天气多变，因此事物总是被遮蔽，而不像希腊那样以鲜明的形式显现。按照和辻哲郎的说法，在这样的风土下产生的是一种非逻辑、不可预测的"性情的统一（unity of temper）"：

> 因此中国和日本的艺术家无法像希腊人那样，通过比例和形式规则求得统一，就只好以性情的统一取而代之，而性情只能是非逻辑、不可预测的。很难找到性情的规律，由性情主导的技术也没有发展为一门学问。[397]

值得一提的是，和辻哲郎已经注意到风土不是永恒不变的。他推测说中国商人进入东南亚会使这个区域发生巨大变化——也就是说随着中国贸易传去的技术、实践和社会价值将深刻改变这一地区。只有当族群的交流有限时，才能把技术的构想和发展归于植根于文化、社会结构和道德价值（对于和辻哲郎来说，最终还有风土）的宇宙论。

中国文化没有像西方一样充分地讨论过时间和几何学问题，

221

396　和辻哲郎，《气候与文化：哲学研究》，第91页，和辻哲郎或许没有意识到海德格尔对罗马是否继承古希腊的理性持几乎相反的意见。

397　和辻哲郎，《气候与文化：哲学研究》，第90页。

这一事实或许也是中国技术发展、生产文化和宇宙论条件。用勒鲁瓦-古汉的话说，就是普遍的技术倾向下有不同的技术事实。我们注意到在中国和西方，这些条件的不同发展遵循着两种技术性方面：第一，是对技术物的生产中的时间的理解，时间可以被按照几何的方式处理（无论它被看作是线性还是环形的），这就允许一种新的时间化；第二，是在技术性的视角下对过程和历史性的理解。这两方面的区别是从对自然（宇宙）和过程（时间）的不同理解中产生的。于连在《过程或创造》（*Procès ou Création*）一书中对清代理学家王夫之（1619—1692）展开了分析，他说王夫之没有把自然和历史对立起来，因此也很难讨论历史的发展过程。于连总结说："王夫之的思考所从属的传统从未受到显灵论式（theophanic）历史解读的影响。"[398] 不过除此之外中国有历史而又缺乏类似西方的历史主义式的论述，还有政治原因。诧异的是，《道德经》的作者老子是周朝的历史学家，或者更准确地说，他曾经是周守藏室（皇家图书馆）的官方史学家。[399] 在那个时代身为历史学家意味着什么？一个历史学家为什么会给我们留下《道德经》这样一本无关乎历史和时间的书？《道德经》第一句就是"道可道，非常道。名可名，非常名"。我们是否该把这句话理解为对书写历史的拒绝——因为老子理解的历史是不停变动、超出我们的把握的东西？虽然在老子的时代，历史学家的职责是通过研究古代文献来为统治提

222

398　于连，《过程与创造》，第72页。

399　司马迁，《史记》，B. 华特生（B. Watson）译（New York: Columbia University Press, 1961），见其中关于老子的章节。

建议，作为解读文献的历史，其政治作用盖过了任何历史性意识的展
开，然而老子所说的道与器的关系仍值得深研。正如我们在第一部分
说的，道的永恒性这种状况一直到戴震和章学诚的时代才有所变化，
尤其是章学诚（18世纪），他曾试图使道摆脱经典的"牢笼"。

　　第二点是我们的重点，我们将关注对时间（自然与历史）的
构想与技术发展之间的关系。同时我们将看到，中国和整个东亚阐
述时间概念的努力是与现代化问题紧密相关的，但他们对技术的态
度十分微妙。这在当代中国遗留下了一种矛盾：一方面，在科研、
基础设施规划和建设（包括非洲的发展计划）方面，技术正迅猛发
展；另一方面，人们又感到失去了方向。欧洲现代性的终结——意
味着我们正开始取得技术性意识——只是加剧了上述矛盾，因为全
球化在时间和空间上的迫近没有给协商留下余地，而是加强了同化
的压力。

　　这个假设以及我在接下来的几页中的论述是思辨的。我的目的
是想把中国置于欧洲的时间轴上，重新考察技术问题，并给宇宙技
术这一新计划敞开空间。然而我们首先要考察各种"超越现代性"
的尝试，从它们的失败中吸取经验。在揭露现代性的深层问题和圈
套上，这些历史教训是必要的。当我们想超越现代性时，很可能会
陷入这些圈套中。

§21　现代性与技术性意识

　　如果正如我们在第一部分中所说，中国的整体式宇宙论图景被
现代化生硬地打断了，因为这种宇宙论无法抵抗、也无法同欧美文

化的技术现实抗衡。技术的物质—观念结构，已经转化并重构了作为道德和宇宙论结构的器—道关系。太阳、月亮和行星运动的方式和以前一样，但人们对它们的意义、结构和节奏的理解已然不同。从根本上说，现代化过程是一种巨大的转变（如果不是一种毁灭的话），它改变了体现在中国的各种技艺形式中的道德宇宙论，从茶艺到书法，从手工到建筑无所不包。

224

我们在前面的例子里说过，《美诺篇》中奴隶的回忆过程中包含着空间性的增补，而柏拉图压抑了这一维度。从此以后作为刻写、作为时间的支撑的技术一向是现代的无意识。也就是说，它在现代从未被当作主题直接讨论，它的运作却建构起了现代的概念构想和知觉本身。我们知道，无意识只存在于与意识的关系中，或许我们可以称它为意识的否定。当意识觉察到某些无意识的内容时，即使还不清楚它到底是什么，意识就会试图整合它、让它发挥作用。技术无意识是最不可见的，也是最显而易见的，正如海德格尔所说，我们看不到的东西离我们最近。正是这种技术无意识给予了我思（cogito）以剥削世界的意志和自信，且察觉不到这种剥削的极限。之后关于进步和发展的说法——它鼓舞了欧洲的殖民活动，并将之合法化了——也延续了同样的逻辑，直到危机已然迫近：工业灾难、物种灭绝、生物多样性遭受威胁……

布鲁诺·拉图尔（Bruno Latour）以另一种方式表述了这一点：他将现代化过程看作是两个维度间的内在矛盾：一方面，是他所说的"纯化（purification）"，如自然和文化、主体和客体的对立，另一方面是"中介"或"转译（translation）"，即"类客体（quasi-objects）"——既非纯自然又非文化的客体——的产生（如臭氧层空洞）。后者体现了一种杂交，按照拉图尔的说法，它只是纯化的放大的过程。指出现代的建构中的这一矛盾后，拉图尔表明"我们从未现代过"，因为"现代"将自然和文化彻底地拆开了，它体现了控制与解放的矛盾。拉图尔并没有在技术无意识的意义上解释现代，但他意识到了现代拒绝将类客体概念化。一个类客体既非客体也非主体，它是这两者之间的技术性中介，就像——这是米歇尔·塞荷（Michel Serres）的例子——足球赛中的足球，当两支球队踢球时，它就不再是一个客体，而超越了这种主客体的二分。拒绝将类客体概念化意味着技术——正如在实验室里那样，它使自然和文化、主体和客体彼此分离——的概念并未被充分认识，依然是无意识的：

> 现代人确实与前现代人不同，现代人拒绝将类客体概念化。在他们看来，这种杂交是恐怖的，因此必须靠不断的，甚至是疯狂的纯化来避免它……这一拒绝导致了某种存在不受控制地增生：它建构着社会却被排除在社会之外，进入了超验的世界——但这个超验世界并不神圣，相反，是它产生了法律和道德那飘忽不定的基础。[400]

技术依然是无意识的，然而这种无意识已开始对欧洲历史的某个特定时刻（即现代）的精神生活产生重大影响，并在工业革命之

400　B. 拉图尔，《我们从未现代过》（*We Have Never Been Modern*），C. 波特（C. Porter）译（Cambridge, MA: Harvard University Press, 1993），第112页。

226 后达到了顶峰。当代技术状况的一个特征就是这种无意识正在向意识转化。这是一次转向：人们正试图让技术成为意识的一部分，却不是成为意识本身（因此我们可以将现代技术理解为工具理性）。这一新状况是全球共享的，我们没有选择的机会：哪怕是亚马孙丛林里也已经展开了捍卫自身文化的运动——如给非人类（non-humans）以权利、保留传统文化活动等——正如中国人也试图在现代化过程中保留他们的传统价值。面对这种要求完整的社会及经济自主的不可能性，他们必须直面当代的技术状况。这些地方实践的命运直至今天依然不定。

按照通常的理解，20世纪末后现代的出现标志着现代性的终结，但我倾向于认为现代性只有到了21世纪的此时此刻才算终结，这比利奥塔宣称的后现代的起点晚了40年——因为直到这时，我们才开始理解自己的技术性意识。事实上，不仅拉图尔和利奥塔，许多讨论技术问题的人——如雅克·埃吕尔和吉尔伯特·西蒙东，都提到了我们对技术的缺乏意识和误解。例如在《论技术物的存在模式》一书中，西蒙东指明了当代人对技术的无知和误解，并227 试图为技术物建立一套哲学理论，引起人对它们的关注。[401] 而埃吕尔则延续了西蒙东对技术物和技术组合（technical ensembles）的分析，并将其扩展为全球性技术系统（它正日益成为一种整合性（totalizing）力量）。正是这种努力——它使我们意识到之前未关注，却又在很大程度上构建着日常生活的事物——确实构成了"现

401　西蒙东，《论技术物的存在模式》，第10页。

代性的终结"。

　　然而，让我们先退回一步问：我们说的"终结"是什么意思？这并不是说现代性突然止步了，而是说它作为一项计划遭遇了它的极限，因此即将被转化。也就是说，"现代性的终结"并不是说现代性不再影响我们了，而是说我们开始看到、了解到它正在走向终结。尽管它依然在那里等着我们去克服——克服它对我们、在我们之中造成的影响。形而上学的终结不意味着它不再影响我们了，而是说我们正目睹着它的完成，并等待着新事物——无论是一种对存在的新思考方式，还是某种更思辨的形而上学——将它取代；这一说法也提醒着我们，我们不再受现代性影响的那一天或许比我们想象的更远。再进一步说，现代性的终结也像形而上学的终结一样，在亚洲展开的速度和在欧洲不同，这正是因为：首先，它们的哲学体系不同；其次，一个体系中的概念向另一个体系传播的过程总是一种延期和变形。

　　在20世纪的先知利奥塔那里，承载着过多的希望、焦虑和兴奋的后现代过早到来了。利奥塔的后现代说法主要关注的是审美，他对技术力量主导下的世界转变所造成的审美转向十分敏感，并试图将这种技术力量表述为一种能否定现代的力量。后现代是对这种新审美的回应，它也是通过居有技术而实现的新思维方式。因此，利奥塔1985年于巴黎蓬皮杜艺术中心策划的展览"非物质（Les Immatériaux）"中，他将新的技术、工业物件与伊夫·克莱因（Yves Klein）、马塞尔·杜尚（Marcel Duchamp）等人的艺术作品并置呈现，使感知性（sensibility）的问题直接呈现了出来——这种做法并不奇怪。"非物质"展试图引发的这种感知性与"忧虑

228

（inquietude）"，正是对宇宙的不确定性，以及对知识和人类未来的不安全感。这种新感知性使人能更清楚地意识到他们掌握的是什么、他们开发出的技术手段，以及他们自己的意志和存在开始依赖于这些他们坚信是自己创造出来的设施——这实际上也是意识到，机器的新"非物质"语言正不断"重写"人类本身。正是以这种方式，利奥塔提出了与技术相关的"回忆"的问题：他清楚地意识到，电子通信技术的发展将增强工业对记忆的剥削，因此他试图通过把问题推向一个不同的高度（一个新的平面），来克服控制着记忆的工业霸权——尽管这个新计划依然相当思辨，乃至含糊。这一被理解为现代性的终结过程，在我看来，其核心假设是说现代性与一种技术无意识相对应，而现代性终结的标志是这种无意识终于成了意识，并且意识到发明出技术的此在也是被技术决定的技术性存在这一点。

229　　在海德格尔的《存在与时间》（尤其是他对笛卡儿式存有论的批判）和他的后期著作中，重构存在的历史的努力（这项任务可以理解为通过提出新问题来终结现代性），源于对"存在的遗忘"的意识。存有论的差异是一种敞开，因为它按照两种不同的数量级——一个关于存在者（Seiendes），一个关于存在（Sein）——重述了存在问题。被遗忘的存在问题会作为无意识，在存在者（它是由科技史建构的）的存有论追问背后发挥作用。弗洛伊德提出了一套关于无意识和压抑的理论，以试图找回那深藏着、被长期遗忘、受超我压抑之物。弗洛伊德和海德格尔探讨的是两个截然不同的理论和学科，他们的任务却标明了20世纪关于现代性的两大论述。我们将看到，弗洛伊德关于无意识、压抑和修通（working-through）的构想，对中国的技术问题十分重要。其实，海德格尔也暗示过在技术和存在问题的对立关系中隐藏着一种压抑：在他看来，现代技术作为西方形而上学的完成遮蔽了原初的存在问题。"存在的遗忘"实际上正是关于技术的问题。要想理解技术以及非西方文明的关键问题，我们必须借助海德格尔及其技术概念（作为"形而上学的完成"）。同时，我们又不能把东西方哲学体系等同起来，设想技术普遍都是起源于普罗米修斯的。我们必须抓住机会居有（appropriating）、延迟（defer）作为终结的现代技术，并在延迟中重新居有（re-appropriate）现代技术这一集置。[402] 使这一问题清晰起来的并非利奥塔，而是斯蒂格勒。斯蒂格勒的著作宣告了现代性的终结；[403] 他表明，西方哲学一开始就压抑了技术问题，如果说海德格尔指出了存在的遗忘，斯蒂格勒则强调了技术的遗忘。技术作为第三持留是一切条件的条件，也就是说，哪怕此在要试图重新找回本真时间，也得依赖第三持留——它既是"已在（already-there）"，也是此在"在世存在（being-in-the-world）"的条件。海德格尔在《论技术问题》中已经描述了技术时代的灾难性，但对斯蒂格勒而言，技术问题已变得比存在的遗忘更为基本：必须依照作为原初缺失（default）（同时也是爱比米修斯的过失）的技术概念

230

402　这一观点出自斯蒂格勒，他借用了德里达"药学（pharmacology）"的说法，他的意思是技术既是"解药"也是"毒药"。我们随后将看到，我们讨论的抵抗并非对一切现代技术的盲目抵抗——这既不明智也不可能——而是一种以再-时间化和重新开启世界史问题为目的的抵抗。

403　这并不是说利奥塔没有对此做出贡献。相反我们将看到的，利奥塔在与斯蒂格勒的一场讨论中提出了一个极富思辨性的问题——关于"明镜"，这一问题试图通过与他者（other）对话开启新方向，而他者的问题在技术哲学中常常是缺席的。

重写西方形而上学史中的存在史。

因此我们可以问—— 正如前面提到的—— 情况是否是这样的：遗忘并非记忆的缺乏，并非技术物带来的记忆衰退（hypomnesis），问题在于，一种无意识内容只有当它对心灵生活的影响变得显著时，人们才能缓慢地意识到它？在此我们或许可以把《技术与时间》这三册书中对海德格尔和胡塞尔时间概念的重建，视作对这种技术无意识的精神分析，它试图将技术无意识从我思和现代性符号的压抑下释放出来。

§22 现代性的记忆

从本质上说，斯蒂格勒的第三持留是个时间问题，海德格尔在《存在与时间》中并未完全澄清它。海德格尔对钟表时间的批判构成了他对于存在的遗忘的批判的一部分，对存在的遗忘的标志就是本真时间，或者说本真性（Eigentlichkeit）的丧失。在《存在与时间》第二部分中，海德格尔将此批判进一步展开，把历史和历史性问题包含了进去。要想理解历史性，我们必须首先把此在看作历史性存在。海德格尔区分了植根于此在而发生（Geschehen）的历史性（Geschichtlichkeit），与历史学（Historie）：历史性并非对过去发生的事情的客观描述，而是居留于历史化的总体（即过去、现在和未来的时间化）中。对海德格尔而言，过去和记忆是原初的，正如在威廉·狄尔泰（他在海德格尔写作《存在与时间》之前和写作期间对他影响很大）那里一样。对狄尔泰来说，生命在这三个基本的意义下是历史性的：第一，过去总保留在现在中，因为生命是一个内向（Innewerden）的过程，即将过去整合进现在；第二，从结构和发展的角度说，现在是过去的构造累积（Aufbau）；第三，过去也作为对象化了的过去存在，作为人工制品、行为的相互关联、事件等等。[404] 但与狄尔泰不同的是，海德格尔试图把这种时间化把握为一个整体。现在，作为这种历史化的支点，就从此在对自身历史性的把握中脱颖而出。

在《存在与时间》第二部分中，海德格尔谈到了决断、向死而在和在世存在的问题，这三个基本结构可以解释那种产生出"本真历史性"的时间化。世界在此在的决断中敞开，因为此在的决断回到了它自身，并能在这种回到自身中找到自身的本真性。但海德格尔所谓的决断（Entschlossenheit）是什么意思？海德格尔将其定义为：

> 作为将自身投射向自己的债之在（Being-guilt）……决断获得了它作为预期的决断的本真性（als das verschwiegene, angstbereite Sichentwerfen auf das eigene Schuldigsein...Ihre Eigentlichkeit gewinnt sie als vorlaufende Entschlossenheit）。[405]

德里达指出，这里"债之在"（Schuldigsein，德文的Schuld同

404　T. R. 施茨基（T. R. Schatzki）：《活出过去：狄尔泰与海德格尔论生活与历史》（*Living Out of the Past*: *Dilthey and Heidegger on Life and History*），Inquiry 46:3（2003），第301–323页。

405　海德格尔：《存在与时间》（Tübingen: Max Niemeyer Verlag, 2006），第382页；英译本由J. 麦奎利（J. Macquarrie）和E. 罗宾森（E. Robinson）译（Oxford: Blackwell, 2006），第434页。

时有债、内疚之意）的"Schuld"不单指内疚（coupable）或责任，而是一种非经验的债务（non-empirical debt），"我背着债，仿佛我总已经签订了契约——这就是历史性——一个我从未签署过，但在存有论的意义上已施加于我的契约"。[406] 这种"非经验的债务"是"遗业（heritage）"，只有当此在首先"在其被抛性"中拾起"这个正是它自身的实体"时，才能实现这"遗业"的本真性。[407] 反过来说，这种决断又是由对向死而在（being-towards-death）作为此在的限度（finitude）和界限的承认而实现的。换句话说，向死而在是一切"本真意义上"的自由的必要条件。只有在向死而在中，此在才能领会它有限的自由，这使它能做出选择、在偶然的情势间做出决定，因而承传它自身的命运。决断的这种"自我承传（sich überliefern）"必然会揭示一个地点（place），即此在之"此"的揭露——这正是它在本真性中的目的地。那么这种自我承传（self-handing-down）包含着什么？

此在回归自身的这种决断，敞开了当下本真存在的实际可能性，并将这种可能性以遗业——决断将这遗业作为被抛者（thrown）而继承下来——的形式敞开。当一个人坚决地回归自身的被抛性（thrownness）时，一种隐蔽的自我承传（sichüberliefern）——对那些已然降临到一个人身上，却不一

406　德里达：《海德格尔：存在与历史的问题》（*Heidegger: la question de l' Etre et l'Histoire: Cours à l' ENS-Ulm*），1964—1965（Paris: Galilée, 2013），第273–274页。

407　海德格尔，《存在与时间》，第434页。

定如此降临的可能性的承传——就发生了。[408]

这种自我承传不会自然而然地发生，它既是选择也是重复。德里达将其译作"自传递（auto-transmission）"或"自传承（auto-tradition）"，他指出这是海德格尔在《康德与形而上学问题》（*Kant and the Problem of Metaphysics*）中所描述纯时间"自感受（auto-affection）"的另一面。[409]"此"在眼下（Augenblick）显现出来，正是在此，此在化解了它的决断同它与他人的在世存在之间的张力。尽管"遗业"是被承认下来的，它却仅仅被承认为一种"被给予"的东西。

然而，如果没有对"已在（schon da）"的分析，历史性存在真的可能吗？死亡只有位于符号、关系和文字的世界中才能获得意义，否则人类的死亡与动物的就没什么区别。动物的死亡本质上说是个生存问题，但在海德格尔看来，人类的死亡是个自由问题。这正是斯蒂格勒在《技术与时间》中试图回答的，即技术视角下的此在分析论的问题。在斯蒂格勒看来，时间化是受第三持留规定的，在每一次投射中都发生着记忆的重建，而这种重建并不完全受限于我所经历的过去。海德格尔就历史博物馆提出了这样一个问题："什么'过去'了？"他答道，"无非是那个它们曾存在于其中的

234

408　海德格尔，《存在与时间》，第434页。

409　德里达，《海德格尔：存在与历史的问题》，第265–268页。可惜德里达未能充分展开他的论述。但他确实指出自我承传（sichüberlieferung）或者说自我传递（la transmission de soi）是一种原初综合，它是时间性的核心。

世界，在那里它们从属于器具的环境，是曾经操劳的在世此在与之相遇的上手之物（ready-to hand）"。[410] 过去由那些已经不再表现为上手之物的关系结构构成，这些关系只能通过主题化的讨论变得可见，并因此成为在手之物（present-at-hand）。然而按照斯蒂格勒的第三持留概念，曾经的上手之物构成了我们日常经验的条件，它作为经验的无意识部分运作着。也就是说，斯蒂格勒指出了时间化的一种新的动态关系，我们之后讨论西谷启治（Keiji Nishitani）对海德格尔的解读时还会再回到这一点。

235　　记忆问题确实涉及作为纪念碑、博物馆和档案的第三持留：它们成了技术无意识的症状。因为一方面，这种技术无意识加速了传统生活的毁灭与消亡；而另一方面，它也激起了把正在消失的东西保存下来的欲望。这是一个矛盾，因为这种纪念化（memorialisa-tion）过程倾向于抚慰这一过程引起的忧郁，却意识不到造成这一状况的正是技术无意识。完全受自身意志驱使的现代性只能看到它的目的（发展、贸易等），却很少看到是什么东西无意识地驱动着它奔向这一虚假的目标。因此现代性和记忆有时似乎彼此对立，有时又似乎彼此补充。现代性的力量是一种破除障碍、淘汰落后者的力量，对现代化的批判也经常着眼于它对历史和传统的不敬。然而这种关于集体记忆的说法完全是现代的——是对被破坏的东西的补偿，因为只有当过去遭遇破坏的威胁时，它才成为一种记忆，而不

410　海德格尔，《存在与时间》，第431页。

再是只有历史学家感兴趣的日常生活的对象。[411] 海德格尔对这种纪念化过程持批判态度，因为它是一定程度的对象化，倾向于异化此在对历史性的本真把握。对象化的历史，或者海德格尔说的"历史主义（Historismus）"并不出于此在，而是出于将世界历史对象化的企图。在这一企图下，此在不再是历史性存在，而成了诸多对象中的一个，被由外在事件决定的历史裹挟着。在《黑色笔记》中，海德格尔更明确地表明了这一对立：

　　236

　　　　历史学（Historie）："本真历史（Geschichte）"的技术（Technik）。

　　　　技术（Technik）："自然（Nature）"的历史学（Historie）。[412]

　　我们可以把"技术是自然的历史学"这一论断理解为这样一种肯定：技术——可以被等同为形而上学的历史——是自然的对象化的基础。同时，"历史学"变成了形而上学的，它将"本真历史"遮蔽了起来。随后，海德格尔在《黑色笔记》中又提到了这一对立：

411　因此我们看到，在中国，高速发展的经济已经摧毁了古老的城市，它被纪念碑和博物馆以同样快的速度取代。我们怀疑这一过程不仅是受经济利益驱动的，这里也体现了某种历史性意识的症候式缺失。正如我们接下来要讨论的。

412　海德格尔，《全集》，第95页，反思VII-XI，黑色笔记（GA 95 Überlegungen VII-XI Schwarze Hefte），1938／1939（Frankfurt am Main: Klostermann, 2014），第351页。

> 历史学家大概是把本真历史理解成了历史学，那么事实也就变成了他假设的那样。从本质上说，历史学只是技术的一种形式……只有当历史学的力量被打断，本真历史才能重获它的位置。这时才有命运以及迎接恰当之物（Schickliche）的开放性。[413]

然而，海德格尔在历史（历史学）和历史性（Geschichtlich-keit）之间构建的张力，只有当（正如斯蒂格勒所做的）我们肯定，后者必须依赖前者存在时——也就是说，此在的本真性总在某种意义上是非本真的，它不具有任何绝对性或确定性——才能被化解。只有当记忆问题变得清晰，即技术无意识被允许进入某种记忆（我们必须意识到这一记忆的意义和影响）时，现代性才能终结，历史性（尽管和海德格尔的历史性含义不同）才能获得。

因此，现代性终结的标志不仅是承认人类不再是世界的主人，也不仅是承认世界超出我们的控制。这一点我们从人类的开端就已经了解到了：诸神在我们之上，无论他们是奥林匹斯山的神还是埃及的、伊比利亚半岛上西奈山的神。从一开始人们就知道人作为世界之主的观念只是一种幻觉；但只有当技术无意识增强了这种幻觉时，它才开始建构现实本身。现代性的终结是对于这种幻觉的再—认（re-cognition），再次承认是技术规定着人化的进程（hominisation），不仅规定着它的历史学，也规定着它的历史性。

---

413 海德格尔，《全集》，第97卷，第29页。

因此，现代性的终结不仅体现在对这一终结的宣告中，更体现在对西方形而上学史的重构中——正如在尼采的《快乐的科学》中，疯子不停地在市场中呼喊，寻找着已经死去的上帝。[414] 上帝的超越性需要被一种内在哲学或者被另一种超越性，即存在[415] 或此在[416] 的超越性取代。

238

斯蒂格勒采纳了德里达的方法，将技术史重构为存在-认识论的对象。这一课题无疑是雄心勃勃的：斯蒂格勒试图通过技术重读哲学史，他因此使技术成为哲学的第一问题。在他对普罗米修斯神话的重构中，火是人作为技术性存在的起源。神话中说，宙斯派普罗米修斯去为包括人和动物在内的一切活物分配技能。巨人的兄弟爱比米修斯想要接过这一任务，但爱比米修斯——他的名字在希

---

414 尼采，《快乐的科学》，第119–200页（§125）。

415 "存在是纯粹而简单的超越性（*Sein ist das Transzendenz schlechthin*）"，海德格尔，《存在与时间》，第38页（§7）（原文即为斜体字）；德莫·莫兰（Dermot Moran）指出海德格尔在"关于人道主义的信"中又重提了这一点："这种在存在者的澄明中，对存在者的存在之本质的回顾性定义，对于思考朝向关于存在的真理的预期性进路而言，是不可或缺的。"见D. 莫兰，《海德格尔所谓的此在的超越性是什么意思》（*What Does Heidegger Mean by the Transcendence of Dasein?*），《国际哲学研究》杂志（*International Journal of Philosophical Studies*），22:4，（2014），第491–514页。

416 在《存在与时间》，第38页（63）的同一个段落中，海德格尔写道："……此在之在的超越性是特别的，因为它暗含着一种最激进的个体化的可能性与必然性。一切关于存在作为超越的揭示都是超越性知识。现象学的真理（存在的敞开状态）是真正的超越性（*veritas transcendentalis*）。"莫兰在《海德格尔所谓的此在的超越性是什么意思？》一文中，联系了胡塞尔的现象学来清晰地讨论了海德格尔"此在的超越性"的概念。在此我们只需指出，海德格尔在《什么是形而上学？》中写道："此在的意思是，投身向虚无中（Hineingehaltenheit in das Nichts）。通过将自身投入虚无，此在就在每时每刻都已然超出了作为全体的存在者。这种超出存在者的存在就是我们所谓的超越性（*Dieses Hinaussein über das Seiende nennen wir Transzendenz*）。"引自莫兰，第508页。

腊语中意为"后见之明（hindsight）"——忘了给人类分配任何本领，于是普罗米修斯不得不从赫菲斯托斯那里为人类盗火。宙斯对普罗米修斯的惩罚是，他要被锁链绑在悬崖上，高加索鹰（Aetos Kaukasios）每天都去啄食他的肝脏，肝脏每天夜里又长回来。人类没有火——即没有技术——就好像动物没有自然本领（quality）一样。人的起源是一种缺失（default），因此斯蒂格勒提出要把这一缺失视作必然的缺失（défaut qu'il faut）。按照他的重新阐释，普罗米修斯与爱比米修斯的神话是古希腊思维的核心，它构成了西方哲学的无意识。

因此对斯蒂格勒来说，西方哲学的历史也可以被读作技术的历史，存在问题也是技术问题，因为存在问题只有通过技术才向我们敞开。鲁道夫·博姆在他1960年的论文《思想与技术：关于海德格尔的问题式的初步评注》（"Pensée et technique. Notes préliminaires pour une question touchant la problématique heideggerienne"）中也以类似的方式阅读了海德格尔。这篇文章的第一部分是对海德格尔1935年《形而上学导论》的解读，文中博姆指出技艺观念（technē）不仅体现在海德格尔的思考中，也是西方（Occidental）哲学思考的基础。事实上，这种技术正是爱奥尼亚学派哲学家的形而上学使命的特征。博姆表明，海德格尔在《形而上学导论》中说明了爱奥尼亚哲学家们的"技艺"是一种活动，它在人的技艺与存在的嵌合（dikē）的张力中，产生出一种根本的存在之敞开。我们在前面的章节已经试图复原了海德格尔在《形而上学导论》中讲到的前苏格拉底的技艺概念，在§8中，我们提到海德格尔没有将希腊语的dikē译为正义（Gerecht），而是译作嵌合（Fug,

239

fittingness）。在战争（pōlemos）或冲突（eris）中，存在将自身展现为自然（physis）、逻格斯（logos）与嵌合（dikē）。[417]

　　然而对海德格尔来说，这种将技术当作哲学实践活动的起源（它敞开了存在问题）的理解，在柏拉图、亚里士多德的雅典哲学中则被止赎（foreclosed）了，并表现为背离（Abfall）与堕落（Absturz）[418]——这正是存有—神学（onto-theology）的起源。按照博姆的理解，海德格尔认为柏拉图和亚里士多德将技术与自然对立了起来，因而把技术同爱奥尼亚哲学家们提出的原义隔绝开了（斯蒂格勒想纠正这一错误）。因此对海德格尔来说，现代性的危险就暗含于现代技术（technology）的兴起中，这种现代技术与古典时期的技艺（technē）截然不同。现代技术的发展伴随着它的理性，并由控制的欲望驱动，它作为一股强大的力量正剥夺着世界的其他可能性，并将世界转化为一个巨大的持存物（standing reserve），变为非嵌合状态（adikia，或者说Unfug）。[419] 现代技术正是西方形而上学的命运，这一点在海德格尔著名的论断"控制论（cybernetics）是形而上学的完成或'终结'"那里体现得更加明显。[420] 这里我们并不是要评判这一批判是否合理，而是要将其视作摆脱现代的技术无意识的一步。博姆文章的结论处就技艺与嵌合间

240

417　巴克曼（Backman），《复杂的在场》（*Complicated Presence*），第33页。

418　博姆（Boehm），《思想与技术》（*Pensée et technique*），第202页。

419　见我们在第一部分§8的导论。

420　海德格尔，《哲学的终结与思的任务》（*The End of Philosophy and the Task of Thinking*），见《论时间与存在》（*On Time and Being*），斯坦博（J. Stambaugh）译（New York: Harper & Row, 1972），第55–73页。

的必然张力，提出了两个引人深思的问题：

> 哲学能否不遗忘存在，而是用尽全力完善它的技术（tech-
> nics）？或者说，思维最终是否有从其附属的技术条件中摆脱
> 出来的能力？[421]

我们可以把博姆的两个问题与如今对抗现代性的两种思维方式对应起来：斯蒂格勒的做法是，试图重新将现代技术概念化，来克服海德格尔指出的哲学的困境；而另一种倾向是企图退回"自然哲学"（无论是怀特海式的还是西蒙东式的），让技艺服从自然，也就是向那压倒性的东西（Überwaltigend）——或者说向大地（Gaia）——屈服。我们在导论中已经谈到了第二种进路的有限性：以牟宗三为代表的中国哲学家和以李约瑟为代表的汉学家，声称发现了怀特海哲学与中国哲学的相似性。但如果我们承认回到怀特海式的自然概念能帮助我们走出现代性的困境的话，回到中国传统哲学是否也是一条出路呢？或许我们也可以就各种本土存有论提出同样的问题：它们是不是也能抵抗技术性的现代性？在此我们的任务是要表明这是不够的。就中国传统哲学而言，器道之破裂与重建的思考仍是个艰巨的哲学任务。尽管有人可能会论证说这是强大的政治因素导致的，因此不能对此给出一个绝对或否定的答案。但我们在第一部分中关于器道关系瓦解的哲学分析，和上文中关于中

421　博姆，《思想与技术》，第217页。

国（与欧洲相比）的几何-时间-技术关系的分析，已经试图表明这不只是个社会-政治性问题，而本质上是存在论与认识论的问题。那些仅仅主张回到自然或者宇宙论的人似乎优雅地回避了20世纪种种"克服现代性"的计划的失败，但必须考虑这些失败。接下来我们将清楚地表明，京都学派试图克服现代性的尝试是我们今天应当尽力避免的，然而他们对时间及历史性意识问题的分析，对于重提技术和世界史问题而言，依然相当重要。

242

§23　虚无主义与现代性

如上文所说，在欧洲被称为"现代性"的这一漫长过程最初没有在中国和其他亚洲国家发生。作为权力意志的对世界的掌控也并未在中国出现，[422] 技术无意识产生的效果微不足道，也没有被看作是要克服的问题。正如我们在第一部分中看到的，技术只有到了鸦片战争之后才成为问题。但如今的中国是否已经准备好处理技术问题，并从自身的文化传统出发充分反思它？因为即使是今天，如果我们只是借来海德格尔和斯蒂格勒的分析，就会面临接受一种普遍技术史和无世界史的世界主义的风险。

这种风险体现在如今关于全球（global）和地方（local）对立的思维方式中。在这一对立中，地方性被看作是一种抵抗全球性的形式，但地方性话语本身也是全球化的产物。关键在于必须进一步

422　我们可以把蒙古人统治的元朝看作例外。

考察技术与时间的关系，不抹消它的存有论基础——这是欧洲哲学家已经澄清了的——而是要理解它对于那些并没有产生出这类反思的文化的意义。更进一步说，我们需要提一种新的理论，它不是退回所谓"未受污染（uncontaminated）"的地方性，无论这种倒退是对全球性的抵抗还是被动适应。在此我们当然也要质疑全球性图景，因为它总是直观地暗示我们：现代化和去现代化是个空间问题，它遵循着"吸收或排除"（inclusion and exclusion）的逻辑。因此，我将主张改从全球性时间轴（axis of time）的角度考察这一问题。

京都学派的西谷启治是20世纪初少数几个亚洲哲学家中，就技术与时间问题的关联，提出了一种对技术的深刻的哲学批判。这并不出乎意料——西谷启治曾经在弗莱堡师从海德格尔，而且和他的老师一样，西谷启治也一度与日本的法西斯主义有关联，二战后也被禁止继续教学。他对技术的理解——我们在此先不下判断，因为接下来交代的这些应该能让我们开始意识到，他们的形而上学法西斯主义的共同根基——呼应了海德格尔对现代技术的批判，但海德格尔考察的是早期希腊人，西谷启治则试图从东方出发为东方指出一种解决方案。

在西谷启治早期的作品中，他的主要任务是阐明东方哲学如何不同于西方哲学，东方哲学能够超越虚无性（nihility），或者更准确地说，他试图用西方哲学范畴来展现出这一可能性。那么对西谷启治而言，区别着东西两种思维体系的虚无性是什么？

虚无性指那使生活的意义成为无意义的东西。当我们对自身而言成为问题，当"我们为什么存在"的问题被提出，这就 意味着虚无已从我们存在的背景中萌生了，我们的存在已变成 了一个问号。[423]

244

虚无仿佛一种从一切对存在的追问中产生的恶。有两种能够摆脱它的方式：要么通过对世界的永久的对象化，在这样的世界中，主体性问题就不再是问题了，然而一股强大的力量会将人类推向虚无的深渊；要么通过一个能弥补虚无的产生的思维体系——不是抵抗虚无，而是将它掷入绝对无，即佛教所谓的"空"中。在西谷启治看来，现代科技正将人类加速推进一种情势下，在这里存在问题表现为危机。和海德格尔一样，西谷启治也反思了科学与技术的关系，并论证说科学取决于一种普遍化的自然法则，一旦将这些法则视作绝对和最客观的规则，它们就能作为解释性原因进入原本与它们无关、它们不适用的领域中。这些所谓的普遍自然法则在技术中得以践行，因此它们的效果在自然和社会领域中都被加强了。这就导致了两个结果：首先，自然法则遍布一切领域；其次，它们的影响力被技术扩大了，以至于能在自身原本的领域之外宣称其效力：

通过人的工作，自然法则以最深远、最明显的形式显现出来。在机器当中，可以说人的工作超出了它原本的特性，它已

245

423　西谷启治，《宗教与虚无》，第4页。

将自身对象化并体现为自然法则本身的直接运作。[424]

在西谷启治看来，自然法则是抽象化的结果，因为"在自然世界各处都找不到它们"；[425]而世界却正是按照这些抽象化被重构了，真实被转化成了理念。因此，现代技术作为自然法则的载体，把这些法则从自然中解放了出来。在西谷启治看来，这一辩证运动还有更深远的两个后果：首先，从人的角度说，它产生了"一种寻求科学理性的抽象智慧"；其次，它产生了一种"比自然本身更纯粹"的"去自然化（denaturalised）了的自然"。[426]因此，技术化的世界是按照一种非真（untruth）（既不遵照人的自然也不遵照自然本身）被构建起来的。这就为虚无性提供了基础，因为人只相信那将其同自然和真理分离开的自然法则，而技术所践行的、日常生活所体现的自然规则又导致了人与真理的第二次分离。在西谷启治看来，受海德格尔影响深远的法国存在主义还不足以应对这一情况，存在主义的欲望本身就"内在于一种正试图获得自我意识的虚无主义中"，因此它无法动摇虚无主义的根基[427]——也就是说，萨特式的存在主义依然植根于西方传统，尤其是海德格尔启发下的对西方传统的理解，因此它对虚无主义的反思并不能触及问题的根本。在西谷启治看来，海德格尔和尼采所讨论的存在的历史"在东

246

424　西谷启治，《宗教与虚无》，第82页。

425　同上，第83页。

426　同上，第85页。

427　同上，第88页。

方并不存在"；然而他又进一步主张说"东方已经实现了一种从虚无性立场到空性（sūnyatā）的立场的转换，因此超越了黑格尔所谓的'坏的无限性（schlechte Unendlickeit）'"：[428]

> 在佛教中，真正的超越性与轮回（Samsāra）的"世界"分离，它被称作涅槃（nirvāna）……涅槃将坏的无限性转化为"真正的无限性"……也就是实现了从存在（Existenz）中作为"坏的无限性"的限度（finitude）向存在的无限性的转化。[429]

这一论断中使我们感兴趣的有两点：①这种从坏的无限性向真正的无限性的转化是如何可能的？②就历史性和世界历史性而言，它意味着什么？西谷启治对空性的理解是基于一种新的逻辑的，这种逻辑取消了"排中（excluded middle）"——也就是说它是既非肯定又非否定的。我们可以称它为一种位于肯定（存在）与否定（不存在）之间的褫夺的（private）逻辑（非存在）。在西谷启治看来，科学与技术基于一种企图把存在的本质把握为自我同一性的实体主义思考。西谷的思路基于道元（Dōgen）的教诲，他的逻辑是：要想不带有自我同一性地存在，我们必须同时否定自身的否定和肯定。正如道元所说："但解生死即涅槃……是时始有脱离生死

247

428　黑格尔，《小逻辑》，T. F. 格瑞茨（T. F. Geraets）、W. A. 聚希廷（W. A. Suchting）、H. S. 哈瑞斯（H. S. Harris）译，（Indianapolis / Cambridge: Hackett Publishing Company, 1991），第149页（§93）："某些事物变成了别的事物，这别的事物本身也是一种事物，它又以同样的方式发生转化，如此无穷无尽地进行下去。"

429　西谷启治，《宗教与虚无》，第176页。

之分。"[430] 正是通过对生死两者的否定，存在才达到了能够超越虚无性的高度。

要想理解西谷启治所说的"对存在的非实体性理解"，我们可以举一个他提过的例子。如果有人问"什么是火？"，那么他是在"火在此展现自身并向我们展现它自身"的条件下寻求火的艾多斯（eidos）。[431] 实体以逻格斯（logos）的形式呈现为一种需要被以逻辑、理论的方式用范畴解释的东西（如在亚里士多德那里）。然而，如果我们说：1."火不着火"，那么，2.它就是一种非-燃烧（non-burning），因此它才是火：

> 实体意味着火的自我同一性，这种同一性通过火的实现（energeia）被识别出来……然而，"火不着火"这一论断表明了火"非-燃烧"这一事实，是一种非活动的活动。[432]

为了澄清这一悖论，我们可以这样表述它：如果按照实体主义的思路，火被定义为燃烧的东西，那么火不着火这一事实就是走出火作为实体的自我同一性，朝向它的实现本身迈出的第一步，后者是另一个自我同一性，对于自在的火来说，它是火的"根基（home ground）"。[433] 这样，由于火不再被视为正在燃烧的东西——燃烧

430　西谷启治，《宗教与虚无》，第179页。

431　同上，第113页。

432　同上，第116页。

433　同上。

是实体主义立场下火的本质——火就重新取得了它"真正"的同一 　**248**
性，因此是火。[434] 说"非-燃烧"是"非活动的活动"的意思是，
火的活动在它的实体性形式的褫夺（privation）中显现了自身，因
此火的定义就是基于别的东西的。这种持续的否定并不终结于某一
特定点上，也不会变成无限的回退，而是说，它试图将自身维持在
一种实体主义的思维无法企及的状态下：

> 与实体的观念——它将火的自性（selfness）理解为它
> 的火性（即一种存在）——不同，火真正的自性在于它的非
> 火性（not-fire-nature）。火的自性在于它的非-燃烧（non-
> combustion）。当然，这种非燃烧与燃烧不可分离：火在燃烧
> 的活动中是非燃烧的，它不燃烧自己。将火的非燃烧从讨论中
> 排除，便会使燃烧变得不可理解。[435]

西谷启治试图找到火的"根基"，这既不是它作为火的现
实，也不是它能够燃烧的潜能，而是它自身的基础：它的"非燃
烧""不燃烧自己"。这一主张并非来自科学观察，而是出自佛教
意义上的"空性（emptiness）"的褫夺。在这里我们可以注意到西
谷启治的意图和牟宗三类似，尽管后者采用的是康德式的术语，而
前者受海德格尔及其用语的影响更深。西谷启治和牟宗三两人都论

434　这里西谷启治指的是海德格尔的祛蔽（a-letheia, Un-verborgenheit）。

435　西谷启治，《宗教与虚无》，第117页。

249 证说，尽管理论理性无法进入本体的领域，"智性直观"却能通过一种自我否定达到理论理性。我们只有通过一种不同的思维方式才能进入那规定着存在的"好的无限性"：

> 无限性作为现实是与理性的把握分离的。一旦我们试图在理性的维度上把握它，它就立即被转化为某种概念性的东西。[436]

然而，这一逻辑是否足以使我们提出一种东亚式的对现代科技的理解？想在本体领域（尽管只有牟宗三用了这一个词来表达这种无限性，而西谷启治没有）中建构起技术是不可能的——可能唯一的例外就是柏拉图《蒂迈欧篇》中的造物主。与基督再临的意志（它表现为精神的历史进程）不同，西谷启治描述的东亚文化中作为非意志（Non-Will）的意志是与一切历史事件分离的。类似地，牟宗三的本体式思考似乎也是另一种历史性意识，因为它不是对某一事件的等待，而是从属于另一已然领先于历史的秩序中——它是宇宙论的意识。

§24 克服现代性

在《宗教与虚无》一书的结尾处，西谷启治提出了一个他一生都在试图解决，却依然无法回答的问题：

---

436 西谷启治，《宗教与虚无》，第177页。

在西方，历史性意识已经有了很大发展。尤其是在现代，
人类的生活本身逐渐开始通过人的历史性自我意识成形。但这
种发展中包含着什么？[437]

250

西谷启治以西方发展出了更强的历史性意识这一事实，界定了
东西方的区别。理解为什么东方没有发展出这种历史性意识，是把
握东方的技术与时间的关系的关键。事实上，这一问题从西谷启治
学术生涯的早期就开始困扰他了，在其政治哲学中也扮演着关键的
角色。我们必须考察这一点，因为它展现了历史性意识的必然性及
其危险。

1940年至1945年间，西谷启治和他京都学派的同事们——包
括高坂正显（Kōyama Iwao）和高山岩男（Kōyama Iwao），他们
都是京都帝国大学的西田几多郎（Nishita Kitarō，1870—1945）、
田边元（Tanabe Hajime，1885—1962）和史学家铃木成高（Suzuki
Shigetaka，1907—1988）的学生——一直投身于"克服现代性"这
一思考。西谷启治这一时期的观点在他的作品中保留了下来，如文
学杂志《中央公论》（Chuōkorōn）1941—1942年间发起的几场讨
论（其中第一场就是著名的"世界史与日本的立场"）、专题研究
"对世界以及民族的理解"（1941），以及论文《我对于"克服现
代性"的看法》（1942）和《世界史的哲学》（1944）。不少学者和
历史学家都已经对体现在这些讨论和文章中的民族主义、帝国主义问

437　西谷启治，《宗教与虚无》，第206页。

251   题展开了讨论，[438] 我在此不想重复他们的论点，而是想着眼于世界
史和历史性意识的问题。

　　西谷启治克服现代性的计划包含着一种愿望：即通过回归日本
文化来超越自16、19世纪的"黑船"事件（西方轮船抵达日本）以
来被强加于日本社会的西方文化与技术。在西谷启治看来，西方文
化和技术造成了传统与现代生活之间的巨大断裂，曾经作为日本社
会基础的佛教与儒家思想从此不再能有效地介入政治和文化生活。
西谷启治的这一观察显然与同一时期中国思想家们的观察一致。例
如新儒家学者也提出要发展中国哲学，即将西方理性作为一种可能
性整合进中国哲学之中。我们在第一部分中分析了牟宗三是如何重
提了王阳明的"心"与"良知"问题，即从本体性经验出发达到对
现象的知识。在西谷启治对意识问题和历史性意识的重新表述中，
"心"的问题也同样重要，但在他那里，"心"的问题还指向了另
一个维度，即绝对无。事实上，尽管这两人是沿着类似的知识传统
展开论证的，中国和日本的思想家显然还是发展出了两套对现代化
的不同回应。

　　在这里我们可以简单提一下西谷启治的老师西田几多郎，正
252   是他提出了绝对无的概念。他也考察了王阳明知行合一的说法，并
将对王阳明的解读同费希特的事实行动（Tathandlung）及威廉·詹

438　例如酒井直树（N. Sakai），《翻译与主体性：论"日本"与文化民族主义》
（*Translation and Subjectivity*: *On "Japan" and Cultural Nationalism*）（Minneapolis: University of Minnesota Press, 1997），以及克里斯·戈托-琼斯（C. Goto-Jones），《将
京都学派重新政治化为一种哲学》（*Re-Politicising the Kyoto School as Philosophy*）
（London and New York: Routledge, 2008）。

姆士（William James）"纯经验（pure experience）"的概念相结合。[439] 费希特的事实行动指一种自我设定（selbst-setzend）的开端，它不受其他事物的规定，是无条件者（Unbedingte）。它一方面指绝对或无条件的东西，另一方面也指那不能被当作物（Ding）的。西田几多郎论证说，并不是认识的主体理解着现实，而是说被如此经验的现实建构了认识的主体。西田几多郎将纯经验定义为"直接看到事实本身的样子"，这一"直观（direct seeing）"是德语Anschauung一词的日语翻译。[440]在这里，绝对的并非主体，而是纯经验，后者克服了费希特的"自我"的孤立主义，并与牟宗三所说的那作为智性直观的良知（王阳明）相呼应。西田几多郎又进一步讨论了这种直观的可能性条件，从王阳明转向了禅师道元和亲鸾（Shinran，1173—1262）[441]关于无的教导。西田几多郎表明，

253

439　Kosaka Kanitsugu，《西田几多郎与王阳明——东亚现实直观原型》（*Nishida Kitarō und Wang Yangming—ein Prototypus der Anschauung der Wirklichkeit in Ostasien*），Hsaki Hashi编，《东西方的思维方式》（*Denkdisziplinen von Ost und West*）（Nordhausen: Raugott Bautz Verlag, 2015），第123–158页。芬伯格（Feenberg）将这种"行为的直观（action-intuition）"与海德格尔的"环视（Umsicht, circumspection）"等同起来，但这种做法是错误的，正如我们接下来将看到的，"行为的直观"实际上是和智性直观相关的。见A. 菲伯格，《西田几多郎哲学中的现代性问题》（*The Problem of Modernity in the Philosophy of Nishida*），J. 海西格（Heisig）、J. 马来多（J. Maraldo）编，《粗暴的觉醒：禅，京都学派与民族主义问题》（*Rude Awakenings: Zen, the Kyoto School and the Question of Nationalism*）（Hawaii: University of Hawaii, 1995），第151–173页。

440　J. W. 海西格:《虚无的哲学家：论京都学派》（*Philosophers of Nothingness An Essay on the Kyoto School*）（Honolulu: University of Hawaii Press, 2001），第56页，see Part 1（§18.1），在此我们可以区分牟宗三的智性直观与费希特、谢林的区别。

441　F. 吉拉德（F. Girard），《日本佛教的自我》（*Le moi dans le bouddhisme Japonais*），Ebisu 6（1994），第97–124页。

如果说西方将存在视作现实的根基，那么东方就是把无看作现实的根基[442]——无"自身不会形成也不会消失"，它与存在的世界相对立，就其"超出了任何现象、个体、事件或世界中的关系的范围"而言是绝对的。[443] 这一绝对无被确立为现实的最高原则，西田几多郎称其为"诸普遍者的普遍（universal of the universals）"，因为它将一切其他普遍性思想相对化了。[444] 这种"无"不太容易理解：首先，提出"什么是无？"的问题是自相矛盾的，因为这一问题会立即转化为关于存有的问题；其次，我们也不能说无是不真（not real）的，因为在西田几多郎看来，无有场所（basho，place），存在与／或无正是在这一场所中展开，[445] 这似乎表明无是存在的。[446]

442　海西格，《虚无的哲学家》，第73页。

443　同上，第74页。

444　同上，第75页。

445　西田几多郎的场所概念在于这样一种观点，即当两事物有某种关系，这一关系总假定了一个场所：如果我们考虑A和非A的关系，就必须有一个能使这一关系发生的场所。西田几多郎对空间概念更详尽的分析见奥古斯丁·贝克（Augustin Berque）《宜居区域：人类环境研究导论》（*Écoumène. Introduction à l' étude des milieux humains*）（Paris: Belin, 2000），第53，140页。

446　海德格尔在他的1929年弗莱堡就职演讲《什么是形而上学？》中也着重提到了无的问题，W. 麦克尼（W. McNeil）编，《路标》，（Cambridge: Cambridge University Press, 1998），第82–96页。海德格尔试图表明，畏（anxiety）能使无显现出来，因为在畏中存在者溜走了："存在者被畏摧毁了，因此只剩下无（nothing is left）"。在此海德格尔很可能用了褫夺的逻辑，在这一点上他的思考和佛教思想家类似。当海德格尔说"此在（Da-sein）意味着：存在投身向虚无"（91）时，他的意思是某物超出了作为全体的存在者而朝向超越性。鲁道夫·卡尔纳普（Ruldolf Carnap）在一篇题为《通过语言逻辑分析超越形而上学》的文章中反驳了海德格尔的演讲。然而，维特根斯坦曾在脚注的某一段落中表达过对海德格尔的同情。卡尔纳普和维特根斯坦的文章见M. 莫雷（M. Murray）编，《海德格尔与现代哲学：批判文集》（*Heidegger and Modern Philosophy: Critical Essays*）（New Haven, London: Yale University Press），1978。

安德鲁·芬伯格（Andrew Feenberg）将无的概念总结为"作为主客　254
体的直接统一的领域的经验，它支撑着文化、行动和知识，并通过
客体化这一先天的统一领域而使它们成为可能的。"[447] 对西田几多
郎来说，绝对无是一种"精神性的本质"，应当将它添进"西方的
唯物主义"中，以建立正确的秩序。[448] 西田几多郎的同事田边元通
过黑格尔的逻辑将绝对无的概念发展为政治和历史性概念，它"为
历史提供了统一的目的（telos）"。[449] 西谷启治又进一步发展了这
种思路：他不再把绝对无看作理论的、个体的，而是将其具体地运用
到民族性中。如何能这样理解绝对无？在他关于虚无主义的书中，西
谷启治这样说道：

> 我相信，宗教与科学互相排斥的根基处，有虚无主义的
> 问题。我的哲学生涯正是从这一观点出发，并由此逐步展开、
> 扩大，直到把几乎一切都包含了进去……我一生中的根本问
> 题……简单说就是要通过虚无主义克服虚无主义。[450]

西谷启治在他"通过民族主义克服民族主义"的思路中也应用　255
了这种同样的类似尼采式的逻辑。他设想了一种与现代民族不同的
民族主义——一种作为民族主义的否定的民族主义。西谷启治将现

447　芬伯格，《西田几多郎哲学中的现代性问题》，第126页。

448　海西格，《虚无的哲学家》，第104页。

449　同上，第121页。

450　同上，第215页。

代国家看作是一种削减，它的目的在于使共同体的基础暴露出来。当个体的自由开始有意识地居有（appropriates）国家的控制，并最终将其主观化（subjectivises）时，否定的过程就展开了。[451] 这种不同的民族主义既不指向国家的绝对性，也不指向一种将个体同国家或民族分离出来的自由主义。在西谷启治看来，要想超越现代民族国家的界限，单单靠回归传统日本价值观无疑是不够的。日本必须从世界历史的角度建构起一个日本民族，这样就能实现一种"从民族性自我的主体性向一种民族非自我（national non-ego）的主体性的跳跃"。[452] 最终民族性将表现为一个主体，它的统一植根于全体自由的个体的意志。

京都学派的计划与19世纪观念论相呼应——这并非巧合，因为西谷启治学术生涯的开端就是阅读谢林并把他的《论人类自由本质》和《宗教与哲学》译成日语，西田几多郎和田边元都对黑格尔很感兴趣。不过，京都学派也试图超越理念论的纲领，正如西谷启治在《世界史的哲学》中所说：

253　　　　今天的世界需要在世界史研究与世界史的哲学之间建立一种新的关系，这个关系已经和黑格尔的或兰克（Ranke）的世界史哲学所理解的很不同了。更进一步说，今天的世界需要我们超越这些伟人的出发点，更根本地重新考察黑格尔式国

451　海西格，《虚无的哲学家》，第197页。

452　同上，第198页。

家和理性理念论的逻辑，以及兰克的"道德能量（moralische Energie）"和历史理念论。[453]

要想理解西谷启治这里所说的"世界史研究"和"世界史的哲学"，我们可以简要回顾一下德国1880年至1930年间历史主义论辩的两个阵营。一方是新康德主义者威廉·文德尔班（Wilhelm Windelband）和他的学生海因里希·李凯尔特（Heinrich Rickert）等人的研究进路，另一方是弗里德里希·迈内克（Friedrich Meinecke）的生机论和狄尔泰的世界观学（Weltanschauungslehre），他们的研究进路被斥为"相对主义"。[454] 在海德格尔的《存在与时间》解构（Destruktion）了存有论之后，这场论辩就结束了。京都学派试图克服黑格尔将历史视作精神的实现——这种观念与莱布尼茨的神正论相近，因为黑格尔说历史是"上帝的存在的证明"——这种理性观念主义的态度。[455] 但它同时也想克服利奥波德·冯·兰克将历史

453　引自克里斯蒂安·尤尔（Christian Uhl），《什么是"日本历史哲学"？探问京都学派"世界史立场"的动力学》（*What Was the "Japanese Philosophy of History"? An Inquiry Into the Dynamics of the "World-Historical Standpoint" of the Kyoto School*），见克里斯·戈托-琼斯（C. Goto-Jones），《将京都学派重新政治化为一种哲学》（*Re-Politicising the Kyoto School as Philosophy*）（London and New York: Routledge，2008），第112–134页；西谷启治，《著作集》（*Chosakushū*），IV，（Tokyo: Sōbunsha，1987 / 1988），第252页。

454　见自班巴奇，《海德格尔，狄尔泰与历史主义的危机》，（Ithaca and London: Cornell University Press）。

455　见P. 查特勒（P. Chételat），《黑格尔作为神正论的世界史哲学——论恶与自由》（*Hegel's Philosophy of World History as Theodicy. On Evil and Freedom*），见W. 达德利（W. Dudley）编，《黑格尔与历史》（*Hegel and History*）（New York: SUNY Press, 2009），第215–230页。

257　描述为一系列由"道德能量"驱使的个别、单一事件的观点。简单
地说，京都学派的思想受德国哲学影响很大，且他们有意或无意地
延续了德国（不带基督教的目的论）重构世界史的哲学的使命。仿
佛这现在是日本的使命了——正如田边元在《中央公论》会议中公
开宣称的（与海德格尔1933年作为弗莱堡校长于就职仪式上的演说
相呼应）：

> 在黑格尔看来，背负着世界史的目标的是罗马人和德国
> 人，但如今日本人获得了对这种世界史的目标的意识……之所
> 以日本在东亚处于领导地位，是因为它意识到了它的世界—历
> 史性的目标，而这一事实实际上就是这种意识本身。世界史的
> 目标并不是被客观地安在日本人身上的，是日本人使这一目标
> 主动地意识到它自身。[456]

这一使命在于克服欧洲文化的极限，该极限如今以民族国家、
资本主义、个人主义和帝国主义——欧洲现代性的困境——的形
式体现了出来。按照京都学派的观点，正是日本民族要凭借一种
与之相适的民族主义和帝国主义[457]，……，创造出新的世界史，来
克服欧洲遗留的问题。而实现整个计划的方式只有"全面战争"

456　尤尔：《什么是"日本历史哲学"》，120；引自《东亚共荣圈的伦理性与历
史性》（*Tōa kyōeiken no rinrisei to rekishisei*），《著作集》（*Chosakushū*），（April
1942）：第120–127页。

457　木本武（T. Kimoto），《世界史和日本帝国的立场》（*The Standpoint of World
History and Imperial Japan*），PhD论文，康奈尔大学，2010，第153–155页。

（sōryokusen，译自德语的totaler Krieg）。[458]"全面战争"被描述　　258
为一种净化，由此新的主体性将从失落了的日本精神中产生，并将
绝对无实现为"普遍世界史"的基础，在此之上每个"特殊的世界
史"都将能"和谐地交融共存"。[459] 因此，"全面战争"是最极
端的"加速主义（accelerationist）"策略，它企图通过加剧国家与
个体的矛盾来超越作为客观总体的世界。在京都学派的哲学家们看
来，战争是规定着历史和世界史的力量。[460] 我们或许也可以说，观
念论的"冲突（Streit）"概念在这里体现为战争概念。谢林、荷尔
德林、黑格尔等观念论者以及早期浪漫论在希腊悲剧中找到了一种
表达冲突的文学形式：悲剧出自命运的必然性，悲剧英雄将这种受
苦的必然性肯定为他自由的实现；[461] 而在日本人看来，悲剧在"作
为炼狱（purgatory）的世界史"中实现了自身。[462] 京都学派认为其
发动的战争与帝国主义无关，它的发生是因为日本人有拯救东亚的
道德义务。[463] 所谓的大东亚共荣圈（Great East Asia Co-Prosperity

458　木本武（T. Kimoto），《世界史和日本帝国的立场》（*The Standpoint of World History and Imperial Japan*），PhD论文，康奈尔大学，2010，第148页。

459　同上，第149页。

460　尤尔，《什么是"日本历史哲学"》，第115页。

461　见丹尼斯·施密特（D. J. Schmidt），《论德国和其他希腊人：悲剧与伦理生活》（*On Germans and Other Greeks: Tragedy and Ethical Life*）（Indianapolis, IN: Indiana University Press, 2001）。

462　木本武，《世界史的立场》，第145页。

463　田边元也在《中央公论》中表明，"我们必须承认道德性也在中国存在，但没有道德能量"，见尤尔，《什么是"日本历史哲学"》，引自《中央公论》1942年4月，第129页。

259　Sphere）是日本为了东亚的利益而"有义务"实现新历史的一部分。高坂正显在《中央公论》杂志第一次圆桌会议的总结性陈述中，提出了这一"正义之战"的构想：

> 当人变得愤慨（indignant），他的愤慨是完全的。这愤慨既是思想性也是身体性的。战争正是如此：天地一同变得愤慨，人的灵魂也以这种方式被净化。正因如此，是战争决定了世界史的转折点。因此世界史是炼狱。[464]

当我们回顾这种狂热时，便会发现西谷启治的哲学中体现了某种对种族主义和民族主义的合理化，它们被视作是通往它们自身的否定的"手段"——这种否定通往绝对无，以及一种关于世界史的政治纲领，它与西方现代性规定的那种世界史截然不同。

中国与日本不同的知识背景产生了对现代性的不同解释方式。或许可以说，日本知识分子经历着关于时间和历史的深层问题，他们试图克服的是作为历史的时间。而牟宗三等中国知识分子则被现代科技的问题困惑着：为什么现代科技没有在中国产生？他们认为这可能是因为中国漫长知识传统的哲学气质与西方截然不同。因

260　此，一方面，我们看到牟宗三的策略是想表明，即使中国保持自身的传统和道德教化，它也依然可能产生出西方那样的现代性，甚至

464　引自木本武，《世界史的立场》，第145页；引自《世界史立场的日本》（*Sekai-shiteki tachiba to Nihon*），第192页。木本武也表明他的概念是取自西田几多郎的。

避开欧洲的危机。[465] 另一方面，西谷启治（以及京都学派的其他成员）则试图表明，超越现代性的虚无主义的唯一方式是在绝对无的基础上重构世界史。

　　和西田几多郎一样，牟宗三也研究了王阳明和佛教，但他的解读和西田几多郎截然不同。在他的后期作品《圆善论》（1985）（基于对天台宗的重新解读）以及《中国哲学十九讲》（1983）中牟宗三承认，他在《现象与本体》一书中并未考虑到天台宗。[466] 在《圆善论》中，他指出天台宗的"圆教"[467]比"一心开两门"的主张更高明，后者是他一直以来处理现象与本体的"存有论差别"和康德实践理性的二律背反的方法。事实上，当牟宗三在《智的直觉与中国哲学》（1971）一书中解释佛教中的智性直观时，他就已经暗示说天台宗的教诲比其他学说更为高明了，[468]这种高明体现在它对其他学说的批判和它自己的主张中。首先，天台宗指责华严宗的缘理断九（切除、抛弃低等级的世界（如动物、恶鬼的世界），只

261

465　与京都学派的哲学家不同的是，牟宗三很少谈起现代性的问题。斯蒂分·施密特（Stephan Schmidt）等评论家认为在牟宗三的理论中有一个隐藏的课题，例如"宣告儒家哲学在思想上独立于儒家机构"，见S. 施密特，《牟宗三、黑格尔与康德：追寻儒家现代性》（*Mou Zongsan, Hegel and Kant: the Quest for Confucian Modernity*），《东西方哲学》（*Philosophy East and West*），6:2（April 2011），第260–302页。然而这一说法并不完全有说服力，牟宗三是新亚研究所的创始人之一，并一生都在大学执教。

466　朝仓有海，《论佛教存有论：牟宗三与京都学派哲学比较研究》（*On Buddhistic Ontology: A Comparative Study of Mou Zongsan and Kyoto School Philosophy*），《东西方哲学》，61:4（2011），第647–678页。

467　对牟宗三来说，"圆教"是一种不能通过语言描绘达到的教诲，而是必须超越语言，见牟宗三，《中国哲学十九讲》，第248页。

468　牟宗三，《智的直觉与中国哲学》。

重视真理的纯粹性）。[469] 这一批判实际上也与王阳明对佛教的批判相呼应，王阳明认为佛教只是试图超越存在者而不关心它们，因此儒家作为一种社会、政治思想是高于佛教的。不过牟宗三看来，天台宗体现在"一念三千"中的"圆教"比"一心开两门"更能完整地表达智性直观的内涵。

正如朝仓友海（Tomomi Asakura）准确地指出的，只有当我们意识到牟宗三是从道德立场出发的，而京都学派是从宗教立场出发的——在田边元那里，则是"一种将现实视作绝对的矛盾和绝对的自我断裂的态度"——才能把握他们的区别。[470] 牟宗三试图在他的"无执的存有论"中寻找一种"内在的超越"，而西谷启治的办法则是通过战争实现"空"的这种最激进的解决方式。不过在这两种进路中，问题的关键都是时间和被西方时间轴彻底征服的历史，而西方时间轴是由欧洲存有神学（ontotheology）及作为它完成形式的现代技术规定的。如果说牟宗三和京都学派的失败（尽管是出于不同的原因，因为京都学派的衰败很大程度上是由于日本二战的战败）能给我们一些启示，那便是要想克服现代性，就必须回到时间问题并开启一种多元主义：它将允许新的世界史的产生，而不从属于全球资本主义、民族主义或某种绝对的形而上学基础。这一任务只有当我们投身于形而上学和历史计划，而不只是简单地宣称现代性的终结、形而上学的终结、回归"自然"或是（更不可靠的）

469　牟宗三，《智的直觉与中国哲学》，第215页；朝仓有海，《论佛教存有论》，第661页。

470　朝仓有海，《论佛教存有论》，第666页。

"诸众（multitude）"的到来时，才有可能实现。

西谷启治"克服现代性"计划的核心是历史性意识的问题，我们将进一步分析它，以理解东亚文化中历史性意识的缺乏的问题。首先，我们要记住葛兰言和于连对中国的时间问题的考察也同样适用于西谷启治。在20世纪70年代，西谷启治在日本的好几所寺庙里做过几次关于现代化与佛教的讲座，之后收集在一本题为《论佛教》（*On Buddhism*）的书中。正如上文所说，我们认为西谷启治一直被历史性意识的问题困扰着，事实上，他也曾表明东亚文化中不存在历史性的概念。他所说的历史性是指一个人将自身视作历史性存在的觉察，他也认为回忆（anamnesis）是对历史性（Geschichtlichkeit）的重构。回顾西谷启治那几场讲座和他与海德格尔的个人关系，他的世界史概念似乎更多地来自海德格尔，而非黑格尔或者兰克：

263

> 我确信至少在一定程度上，佛教缺乏这种历史性意识。总的来说，所谓"历史性"的东西，在中国的存在不亚于印度和日本。但我的印象是，就历史这个词的真实含义来说，这三个国家都不曾将世界看作历史……它们的思维方式与历史性思维不太一样，至少与现代社会盛行的那种思维不同。[471]

西谷启治主张"就历史这个词的真实含义来说"，亚洲不曾

---

[471]　西谷启治，《论佛教》（*On Buddhism*）（New York: SUNY Press, 2006），第40页。

"将世界看作历史"的意思是，东方思维中缺乏对过去、现在和未来的详细的时间化。西谷启治相信此一历史概念是内在于基督教的。[472] 在基督教中，原罪和末世论标明了起点和终点，以及对新时代的开始和基督再临的等待的界限。基督教在另一个意义上——即人与上帝的关系中，自身进步性的观念——也是历史性的。在西谷启治看来，历史性意识首次真正产生是在文艺复兴时期，并在宗教改革期间达到高峰。文艺复兴时期历史性意识的标志，是人们对于世界秩序不完全依赖于上帝旨意的认识，以及自然科学闯入了神与人之间的个人关系，[473] 宗教改革时期人们则意识到了历史只是人的产物。与此相反，西谷启治也注意到，按照佛教的理解，时间有一种必须被超越的否定性。也就是说无论是线性还是环形时间的限度（finitude）都必须被超越，才能达到绝对的空。因此佛教无法揭露历史性意识的问题，也看不到每一个"当下"中"涌现（emergence）"的可能性。[474] 西谷启治继续解释道：

> 另外一方面，即历史性的方面以及时间中的存在则被相对忽视了。或者如果"忽视"这个词太夸张的话，也可以说这一方面没有充分展开。因为佛教强调的是"时间总是转瞬即逝，这个世界是充满苦难的"这一否定论断，而似乎没能把握到时

472　西谷启治，《论佛教》（*On Buddhism*）（New York: SUNY Press, 2006），第56页。

473　西谷启治，《宗教与虚无》，第89页。

474　西谷启治，《论佛教》，第50页。

间的世界是一个领域，新事物可以不断地从中涌现。[475]

在这里，西谷启治用了海德格尔的说法，把"当下（now）"翻译为"眼下（Augenblick）"，在海德格尔看来，"眼下"是对时间流的纵向切入（vertical cut）。[476] 他用"眼下"一词翻译希腊语的"kairos（时机）"，这个词暗示了一种非时序的（non-chronological）的时间可以以断裂或跳跃的形式呈现。禅宗佛教中确实也有一种断裂或跳跃，即"顿悟"，佛教徒是在顿悟中成为大师的。顿悟如同天空闪过的一束光——比如它可以在一个人看见青蛙跳进池塘的时刻发生，正如松尾芭蕉（1644—1694）的俳句中描绘的："古池——蛙跳入池，水声。"[477] 但顿悟不是每个此刻都会发生的，它也不需要一个漫长的求道过程：顿悟是一次性的，因为它是一种激进的转变或提升，通向新的经验领域和新的思维方式。它超越了时间，或许我们可以用西谷启治说的"超历史（superhistory）"来描述它。西谷启治在这一问题上的海德格尔式立场也与牟宗三不同：正如我们前面提到的，牟宗三认为海德格尔没能理解到尽管此在是有限的，它依然能够通过智性直观超越自身

265

475　西谷启治，《论佛教》，第49—50页。

476　"历史与超历史（superhistory）、时间与永恒彼此横断、交叉。它们相交的点被称为'当下''此刻''这里'或者'接触点'。如你所知，西方通常称其为'时刻（moment）'，即德语的'眼下（Augenblick）'。这一'绽出（ex-isting）'时间的'当下'纵向切入了时间。"西谷启治，《论佛教》，第49页。

477　松尾芭蕉，《芭蕉的俳句》（*Bashō's Haiku*），D. L. 巴恩赫尔（D. L. Barnhill）译（Albany: State University of New York, 2004），第54页。

进入无限的领域。

西谷启治也像海德格尔那样在本真历史（Geschichte）和历史学（Historie）之间做了区分。历史学指"讲故事或者把事迹传承下去"，而本真历史指"有事情发生，某些从未出现过的新事物产生了"。[478] 西谷启治也把本真历史同"发生（geschehen）"一词关联起来，把本真历史与"居有事件（Ereignis）"关联起来，后者是由历史性意识规定的——在这种意识中，过去、现在和未来变成了同时展开的过程。因此历史性意识不再包含一个回望着由一系列历史事件组成的过去的主体，相反，这个主体转而将自身看作历史性存在，植根于对历史的诠释（hermeneutics）中。

在此我们应注意不要把西谷启治和牟宗三对佛教的解读等同起来，更不能把佛教与中国文化等同起来。但对这两种文化而言，我们至少可以说，时间概念不仅未展开，还被视为某种需要超越的东西。在牟宗三看来，这种超越性能通过智性直观实现，这一直观使主体能够通达道德宇宙论、自然与太虚。

266

回到斯蒂格勒"技术是第一哲学问题"的观点，我们应注意到，历史性意识也依赖着复印、印刷等技术发明（尤其是考虑到宗教改革时期《圣经》的印刷）——也就是说，使"当下"能作为纵向的切入（作为居有事件）展开的除了基督教的末世论，还有技术性（technicity）。我们可以就斯蒂格勒对海德格尔的批判出发，对比西谷启治和斯蒂格勒的思想：斯蒂格勒认为海德格尔仅将世界史

478 西谷启治，《论佛教》，第74页。

看作此在的可能性，而没有意识到外化对于此在的建构而言也是必须的，即《存在与时间》中的世界史概念始终还是先验话语。[479] 让我们看看海德格尔是如何定义世界史的：

> 通过历史性的在世存在的生存（existence of historical being-in-the-world），上手之物和在手之物总是已经被整合进世界的历史之中。设备和作品（如书）有其"命运"，建筑和机构有其历史……这些在世界中的存在者本身就是历史性的，它们的历史不是指那些只是伴随着"灵魂"的"内在"历史的"外在"之物。可以说它们是"世界—历史性（the world-historical）"。[480]

这种世界—历史性正是斯蒂格勒所说的"第三持留"。[481] 当然，海德格尔没有忽视技术，他意识到了此在被抛入的世界是作为"已在"（already-there）发挥作用的，他称之为"事实性（facticity）"。但海德格尔没有从技术这一必要条件的角度考察此在的时间化。相反，他指出了在向死而在的实现中此在的终极可能性。斯蒂格勒批评道，世界-历史性"不仅是那作为痕迹而落后

267

479　斯蒂格勒，《技术与时间》第2卷《迷失方向》（Disorientation）（Stanford, CA: Stanford University Press, 2009），第5页。

480　斯蒂格勒，《技术与时间》第1卷《爱比米修斯的过失》（*The Fault of Epimetheus*）（Stanford, CA: Stanford University Press, 1998），第237页；出自海德格尔，《存在与时间》，第388页。

481　斯蒂格勒，《技术与时间》第3卷，第37页。

于时间化进程的人的结果"，而是构成了"那处在真正的时间性中的人"本身。[482] 这种历史性只能通过书写这一回忆过程或技术才能被唤回。正如斯蒂格勒在《技术与时间》第三卷中表明的，书写是"世界历史性（Weltgeschichtlichkeit）的基底，它是对意识中过去和流逝的时间的空间化"。[483] 技术物是时间（作为间隔）的第二次空间化，而历史性只有通过在持留物的辅助下的回忆才是可能的。

在此我们可以注意到西谷启治的绝对无，与斯蒂格勒那必然表现为技术形式的世界史之间的矛盾。从根本上说，世界史是典型的回忆，而绝对无是排除了一切相对性的原初基础，是以自身为基础的绝对。在此我们并不是要解构西谷启治历史性意识的概念，而是想指出技术性无意识正在历史性背后运作。换句话说，西谷启治要想达成他的目标，就得对东亚文化的技术无意识进行"精神分析"。那么就正如斯蒂格勒所说的，没有技术的支持，就不会有历史性意识。于是可以说中国和日本也必定有某种技术无意识，因为这两个国家的历史写作、绘画和其他技术手段与同时期世界其他地方相比，是同样精致、缜密的。然而接下来我们就要解释为什么这种技术支持——古代中国的这些与欧洲同样发达，甚至更发达的书写和绘画技术——没有在中国产生出类似的历史性意识。中国和日本的这些技术无疑是与记忆相关的，但我们想表明，是一种在智性直观的基础上运作，并探究本体的哲学体系，拒绝把历史性记忆考

482　斯蒂格勒，《技术与时间》第3卷，第237–238页。

483　同上，第56页。

虑进去。这就导致了两种存有论的区分：本体的存有论（noumenal ontology）和现象存有论，当前者占主导地位，后者便是从属的。

然而这似乎引向了一种循环论证：①历史性意识缺失了，因为时间问题没有被展开讨论；②由于时间问题没有被展开，技术与时间的关系也从未被充分提问；③既然技术与时间的关系不成问题，作为回忆的历史性意识就没有产生。但在这里我们之前讨论过的关于几何学、时间和回忆的问题就又浮现了，我们要再次回到器道关系的问题上。

用斯蒂格勒的话说，"器"可以说是"持留性（retentional）物件"，因为它作为技术物将痕迹或记忆保持了下来。但在中国，"器"从存有论角度说是非时间、非历史的，它与道一致并体现道——因此"器"如果要变得"卓越"，最重要的就是要与道一致。道是宇宙论和道德的，器是宇宙的一部分，但它是由另一种外在于自身且并非由自身规定的原则支配的。器在与其他存在者（包括人和非人）的关系中被规定。在第一部分（§14—15），我们讨论了章学诚和魏源讨论器道关系的思维轨迹。章学诚敏锐地指出，我们应当把器道关系看作历史-时间性的关系，在他看来《六经》是历史性的人造物，因此属于器的范畴。这种对器道关系的去-绝对化的理解也导致了对这一关系的重新刻写（re-inscription），因为按照这种说法，器承载的便是特定时代的道。而两次鸦片战争之后，魏源颠覆性地提出要把道刻写（inscribe）进器中，这一尝试是为了争得一种技术性意识。然而没等这一意识产生影响，它就立即被中体西用的"笛卡儿式的二分"驱赶走了，中学被划作思想，而西方科技仅作为工具。章学成和魏源两人的理论或许都可以看作是

269

试图调动器道的存有论关系，以产生出新的知识型（episteme）的努力。[484]

§25 后现代的回忆

京都学派解散四十年后，欧洲开始以另一种方式（因利奥塔而得名的"后现代"）展开"克服现代性"的任务。事实上，我们可以在利奥塔关于后现代的说法中，找到西谷启治为自己规定的任务——即用绝对无克服欧洲文化和技术——的回响。在此我指的是利奥塔收录于1988年的文集《非人：对时间的反思》（*The Inhuman: Reflections on Time*）中的《逻格斯与技艺，或电讯》（"Logos and Techne, or Telegraphy"）一文；该文是他1986年提交给蓬皮杜中心的音乐和协作学院（IRCAM, Institut de Recherche et Coordination Acoustique / Musique）研讨会的一篇论文，该研讨会由斯蒂格勒组织，他那时正在利奥塔的指导下写作硕士论文。利奥塔的文章主要涉及的回忆与技术的问题随后也成了斯蒂格勒哲学的核心话题。

该研讨会的主题如下：按照利奥塔所说，物质与时间的问题可以在三种不同的时间性综合中被把握——习惯、回想（remembrance）与回忆（anamnesis）。习惯是一种在身体层面表现出来的综合，试图回想寻找一个有起源的叙事。而回忆在利奥塔看来与前

---

484 知识型（episteme）一词的用法见第2节。

两者不同，必须把它与回想区分开。这一区分出自弗洛伊德，尤其是他1914年的文章《回想、重复与修通》（"Erinnern, Wiederholen und Durcharbeiten"），文中弗洛伊德表明有两种分析技术：催眠，它凭借一种简单的（简单是因为当下情境将病人转移出去，只有早先的情境起作用）回想帮助病人重构无意识内容；但还有一种场景，关于它，"很难恢复任何记忆"。[485] 这第二种情况通常是：比如某段儿时经历当时没有被理解，之后它的意义显露了出来。催眠使用的回想技术与揭露式重复的技术有重大区别。在后者那里，病人"不是通过记忆再现它，而是通过行动。他重复它，却不知道自己在重复它"。[486] 在此分析师的任务是帮助病人发现阻抗的源头。但正如弗洛伊德所说，这里有两个困难：首先，病人可能拒绝承认有问题，也就是说他／她拒绝回想起来；其次，新手分析师经常发现即使他已经把阻抗向病人揭露出来了，也没有发生什么变化。对此弗洛伊德提出了第三个词，"Durcharbeiten"，即修通（working-through）：

> 我们必须给病人时间来熟悉这种他已经了解到的阻抗，修通（to work through）它、克服它，继续根据分析的基本原则在分析工作中松动它。[487]

485　弗洛伊德，《回想、重复与修通》（*Remembering, Repeating, and Working-Through*），《弗洛伊德全集》标准版，第12卷（London: Hogarth, 1958），第149页。

486　同上，第150页。

487　同上，第155页。

272

在《逻格斯与技艺，或电讯》一文中，利奥塔提到了斯蒂格勒讲的记忆的持留模式（通过空间化），并且罗列出三种记忆模式：辟路（breaching, frayage）、浏览（scanning, balayage）和流通（passing, passage）。这三者分别与习惯、回想与回忆相对应；弗洛伊德的修通对应着时间的第三种综合，即回忆（anamnesis）。不过，利奥塔对修通的理解与弗洛伊德的相当不同。[488] 在利奥塔看来，回忆有两层含义，必须把它们的细微含义仔细区分开。第一种意义的修通通过自由联想展开：正如利奥塔所说，"流通"要占用比浏览和辟路更多的能量，因为它没有事先定好的法则。[489] 这个意义在另一情境下也被提及，在《何为后现代》（*The Postmodern Explained*）中，利奥塔认为先锋主义（avant-gardism）运动对于现代性的各种前提预设承担了重大责任。在他看来，从马奈到杜尚、巴尼特·纽曼的现代画家的作品都可以被理解为精神分析治疗意义上的回忆：

> 正如病人试图通过在表面看来不一贯的要素和过去的情境之间进行自由联想，……，使这些要素在他们生活、行为中的隐藏意义被揭露出来，……，以阐明他现在的困扰，我们也可

---

488 在斯卡尔福内·多米尼克（Scarfone Dominique）的文章《精神分析如何运作》（*À quoi œuvre l'analyse?*），《精神分析自由手册》（*Libres cahiers pour la psychanalyse*），9（2004），第109–123页中，作者主张在弗洛伊德看来，修通是一项由病人自己开展的任务，分析师只能等着事情自己发生。在利奥塔那里则相反，是分析师的"第三只耳朵"使得能指导以流通。

489 利奥塔，《逻格斯与技艺，或电讯》（*Logos and Techne, or Telegraphy*），第57页。

以类似地把塞尚、毕加索、德劳内、康定斯基、克利、蒙德里安、马列维奇及杜尚的作品看作是现代性对自身的意义所做的修通（Durcharbeiten）。[490]

对利奥塔来说，这些艺术家体现的不是与现代的断裂，而是对现代的回忆。因此他们是后现代艺术的代表——后现代艺术将自身从规则和责任中解放出来，通过回忆而超越了刻写下的规则。有意思的是（尽管有些令人不解），利奥塔追求着某些未被刻写下，因此不会被任何书写规则限制的东西——它们是不被记得的起源、未被刻写的记忆，但也不会被遗忘。就像弗洛伊德说不记得童年记忆，但也需要修通。克里斯托弗·芬斯克（Christopher Fynsk）强调了"婴儿期（infancy）"在利奥塔的回忆概念中的作用，他指出利奥塔"认为自己的写作是从一个婴儿期朝向另一个婴儿期的"。[491]《逻格斯与技艺或电讯》一文关于回忆的一节中，有一段很重要的讨论：利奥塔戏剧性地举了个道元的例子，以解释他所说的"流通"或回忆是什么意思。在这段引用中我们能发现他的"流通"与作为修通的回忆之间的细微差异。芬斯克这样写道：

490　J. -F. 利奥塔，《后现代的解释：1982—1985年通讯》（*The Postmodern Explained: Correspondence, 1982—1985*），D. 巴利（D. Barry）译（Sydney: Power Publications, 1993），第79—80页。

491　C. 芬斯克，《利奥塔的婴儿期》（*Lyotard's Infancy*），《耶鲁法国研究》（*Yale French Studies*），第99页，《利奥塔：时间与判断》（*Jean-Francois Lyotard: Time and Judgment*）（2001），第48页。

　　我认为在这里提到道元不只是想添一点异国情调，即使确实有这种效果。它毋宁是含蓄地表明了利奥塔所思考的东西并不从属于概念或任何理论阐释——如果存在从婴儿期向思维的过渡，这种过渡也不是通过概念实现的。[492]

273　　　　我看待这段关于道元的评论的态度比芬斯克更认真。其实利奥塔不只在这一个地方提到过道元，而是在好几次处注释和采访中都提到过他。利奥塔的想法比芬文斯克理解得更有趣、更古怪：它正是西谷启治为了避免把存在简化为本质时所运用的逻辑，体现在他关于火的例子中。我称这一逻辑为逻格斯的否定（negation of logos）——"否定"这个词可能不够准确，因为在这里否定既不是全盘否定，也不是局部（部分或程度）的褫夺（privation）。为了澄清褫夺与否定的区别，我们可以阐释一下海德格尔解释古希腊人对这一区别的理解时举过的一个例子：有人问我是否有时间去滑雪，我说，"不，我没有时间"。事实上我有时间，我只是没有时间跟你去滑雪。[493] 在这里，存在并不是通过指出另一相反方向而被否定的，而是从通常的语境下拿出来，从而被褫夺（如在"火不着火"中）。这一逻辑也体现在从现代向后现代的转变中：后现代是

492　C. 芬斯克，《利奥塔的婴儿期》（*Lyotard's Infancy*），《耶鲁法国研究》（*Yale French Studies*），第99页，《利奥塔：时间与判断》（*Jean-Francois Lyotard: Time and Judgment*）（2001），第55页。

493　海德格尔，《措利孔研讨会：协议、对话、书信》（*Zollikon Seminars: Protocols, Conversations, Letters*），M. 博斯（M. Boss）编（Illinois: Northwestern University Press, 2001），第46–47页。海德格尔写道："希腊思想家花了两百年的时间才发现褫夺的概念，只有柏拉图在《智者篇》中指出了这种作为褫夺的否定。"

现代的自我否定，不是说现代性的某一时刻发生了什么事情，然后后现代开始了，而是在现代发展的某一时刻，现代性的逻辑开始转而反对自身，并将自身转移到了另一个语境下。[494] 在我看来，利奥塔引用道元是为了表明，这种逻辑不只局限于现代性这一个例子上，也可以把它应用于逻格斯本身。我认为利奥塔正是在这里提出了关于技术的根本问题（虽然这时还比较含糊）：他试图对比"回忆"和道元在禅宗经典《正法眼藏》（*Shōbōgenzō*）中所说的"明镜"。我将完整引用利奥塔的话：

> 试图忆起某些（暂且称其为某些）从未被刻写下的东西的说法也是成立的，只要这种东西的刻写能打破书写或记忆的支撑的。在此我想借用道元《正法眼藏》中《全机》（Zenki）卷的一个关于镜子的比喻：有一种临在（presence）是镜子无法映照出的，但它能将镜子打成了碎片。一个外国人或者中国人来到镜子前，他的形象会呈现在镜子上，但如果道元说的"明镜"出现在镜子面前，"一切都将粉碎"。道元继续解释说："不要想象有一段破碎还没有发生的时间，也不要想象有一段之后所有东西都碎了的时间。有的只是破碎。"因此，破碎的临在既不曾被刻写（inscribed），也无法被记忆。它并不出现，不是一个被遗忘的刻写，支撑性的刻写（反光的镜子）中

494　利奥塔在他的《非物质（Les Immatériaux）》展览图册的导论中解释了这种出于内在发展的否定，见利奥塔，《非物质的第二种状态》（*Deuxième état des immatériaux*），1984（*Archive du Centre Pompidou*）。

也没有它的空间和时间。它不为辟路和浏览所知。[495]

这无疑是利奥塔的阐释中最奇怪的一段。镜子和明镜都包含着许多形而上学内涵，然而正如芬斯克所说，我们很难分析这段论述——很难设想一个20世纪法国哲学家和13世纪日本僧人之间的对话——而不陷入某种异国情调中。

按道元的说法，明镜代表心灵（或智性直观），现象在它面前坍塌了。明镜体现了某种几乎对立于一切对实体的概念化的东西，因为它是空。首先，明镜否定了作为艾多斯（eidos）的实体或本质（ousia）。这让我们联想到西谷启治关于自我同一性的复杂逻辑：火不着火，因此它才是火。现象的经验通过心灵的现实化（actualization）活动呈现出来，因为一般人总倾向于将现象实体化。但"明镜"是另一种能褫夺这种实体主义倾向的心灵，在它看来，世界表现为毫无持续性的不停变化。不是说有某个事件打破了明镜、标明了开端，在明镜前只有持续不停的打破，这也就摧毁了自我的概念（自我根本无法被映在镜子里）。一个没有明镜般的心灵的人能看见他自己，因为他有"执"（upādāna），执只能循着形式来定位，因此它只能看见现象。而明镜所见的一切都破碎了，因为它本身是空。利奥塔继续讲道：

　　从西方（哲学上的西方）的技术事业来看，我不确定它

495　利奥塔，《逻格斯》，第55页。

是否考虑过这一点。可能当柏拉图试图超出本质思考阿伽颂
（agathon），或者当弗洛伊德思考原初压抑时考虑到过这一
点。但两人随时都可能重新陷进技术逻格斯（technologos）
中，因为用道元的话说，他们都想找到"解脱的词（the word
that gets rid）"，甚至可能连晚期海德格尔都错失了"破执"
的激烈性。[496]

277

我们不知道利奥塔对"明镜"的历史有多少了解——禅宗有个
很著名的关于明镜故事，尽管很可能是虚构的。根据传说，禅宗五
祖弘忍想找个继承人，人们认为他的学生神秀（606—706）是最有
潜力的候选人。但弘忍还不确定，想找个更合适的人，于是他叫学
生们每人写一首诗解释心灵是什么。神秀在墙上这样写道：

> 身是菩提树，
> 心为明镜台。
> 时时勤拂拭，
> 勿使惹尘埃。

在庙里不太出名的慧能（638—713）则回应了另一首诗。其实
慧能既不会读也不会写，只能叫其他人帮忙写（这也是禅宗实践的
一个特点：第三持留没有那么重要）。这首诗得到了弘忍的赏识，

496　利奥塔，《逻格斯》，第55页。

慧能随后成了禅宗六祖。明镜正是禅宗追求的心灵：

> 菩提本非树，
> 明镜亦非台。
> 本来无一物，
> 何处惹尘埃。

278　　　然而，利奥塔将明镜问题转化成了书写的问题，即逻格斯问题。在此，我们碰到了实体的另一层含义，即支撑，或基底（hypokeimenon）。问题在于如果没有基底的支撑，还能谈存在吗？或者如利奥塔在《非人》的第一篇文章中问的："思维没有身体（body）还能进行吗？"逻格斯是否促进一种并非由它刻写的回忆？换句话说，逻格斯（在这里是技术逻辑）能否不规定回忆，而让回忆以非决定性的（non-deterministic）方式展开？利奥塔想要通过逻格斯克服逻格斯，正如尼采和西谷启治想要通过虚无主义克服虚无主义。道元学说中的另一段也体现了这一逻辑：禅师教导说"思不思（think of not-thinking），你要如何思考不思？通过非思（non-thinking），这是禅艺的关键"。[497] 道元在思与不思之间建立起了一组对立，两者的关系是纯粹否定的，因为思不能是不思，不思也不能是思。但在道元看来，思（shiryō）与不思（fushiryō）

497　C. 奥尔森（C. Olsen），《禅与后现代哲学的艺术：两条从再现式思维模式中解放的路径》（*Zen and the Art of Postmodern Philosophy: Two Paths of Liberation*），（New York: State University of New York Press, 2000），第68页。

之外还有第三条道路，那就是非思（hishiryō），它通过对"思"的褫夺而同时否定了思与不思。利奥塔认为，对逻格斯的褫夺能通往另一个不曾被，也无法被刻写在逻格斯中的领域。他在艺术家布拉查·艾汀格（Bracha Lichtenberg Ettinger）展览开幕时的一场研讨会中也采用了这一逻辑，该演讲之后以《对可视物的回忆》（Anamnesis of the Visible）为题发表，文中他这样描述艾汀格的作品："我记起来我不再记得了。"[498] 这一两难正是回忆的逻辑：能否通过逻格斯否定逻格斯，以达到非逻格斯？利奥塔在《逻格斯与技艺，或电讯》的最后一段提到了我们在导论中引用过的那一问题：

> 这一过渡是否可能？新的刻写与记忆化模式——作为新科技的特征——是否允许这一过渡，使它成为可能？那些新技术不也施加着一种比以往的技术更深入心灵的综合？[499]

因此利奥塔问的是新技术能否开启新的未知可能性，或者是否这种技术反而倾向于一种更有效、更同质化的综合，即自动化。该问题是向研究书写或记忆术的哲学家提出的：逻格斯能否直面明镜，并思考通过技术-逻格斯实现"明镜"。

我们或许可以回顾性地问，利奥塔这里说的回忆是否类似于西谷启治提出的空？这两人是从同一传统（即使不是同一个禅师）出

498　利奥塔，《对可视物的回忆》，《理论、文化与社会》（Theory、Culture and Society），21（2004），第118页。

499　利奥塔，《逻格斯》，第57页。

发的：利奥塔试图通过回忆来克服欧洲现代性，他也知道回忆恰恰是东亚思维的基础，但他可能没有意识到当它遭遇现代化时也会成为最大的弱点。进一步说，利奥塔的分析并未触及真正的问题，即历史性、技术逻辑和地缘政治的问题。利奥塔希望"明镜"能否定系统的全体化倾向，并使我们摆脱作为集置（enframing）的系统。他希望"明镜"能抵抗这样一种霸权：它通过把记忆从其时间轴中剥离而将其工业化，利奥塔称记忆的时间轴为"共同时间（common time）"。[500] 在这个意义上，利奥塔希望后现代能承担起"非-现代（non-modern）"，并以此为概念工具克服现代性。但我们必须质疑非-现代与现代之间的这种简单的对立关系；同时，如果希望后现代不只局限在欧洲，而成为全球计划，就必须将它重新界定为能化解不同存有论、知识型之间不可比性的扬弃（Aufhebung）。

我们可以再谈谈这种全球时间轴，它正在全球化过程中成为霸权。我在前面暗示说，必须摆脱暗含着"吸收和排除"的视觉性全球图像。作为"房子"和球体（sphere）的宇宙概念来自古代欧洲的宇宙论，比如托勒密模型就是"一个包罗万象的球体的激动人心的图像"。彼得·斯洛特戴克（Peter Sloterdijk）准确地指出，这种图像"一直保留到了20世纪"。[501] 他提出了一种与该全球图景相反的"泡沫（foam）"理论，并称之为"多宇宙论

500　利奥塔，《逻格斯》，第47页。

501　P. 斯洛特戴克，《资本内部的世界：全球化的哲学理论》（*In the World Interior of Capital: For a Philosophical Theory of Globalization*），W. 霍本（W. Hoban）译（London: Polity, 2013），第28页。

（polycosmology）"。斯洛特戴克气泡式的新视觉、空间形式——这是他"离散的（discrete）存在理论"的基础——或许会吸引我们，[502] 但考虑到斯洛特戴克最近关于难民政策的评论，我们就要问为什么这些自主的气泡也没能遮掩他排外的、法西斯式的倾向：斯洛特戴克在德国政治杂志《西塞罗》（*Cicero*）2016年1月的一次采访中，批判了安格拉·默克尔（Angela Merkel）的难民政策，他说"我们还没有从教训中学会赞扬（Lob）边界"，"欧洲人迟早会订立一套有效的共同边界政策；从长远看来，捍卫领土是我们普遍的责任。毕竟我们没有自我毁灭的道德义务"。[503] 各个"气泡"的参与是否只是重申了边界的不可取消性？是否这种吸引人的图景也没能助我们摆脱领土问题，以及"吸收-排除"的问题？

全球化真正的危险有两个层面：首先，是屈从于一种对时间和生成的单纯规定，正如前文所说，这是技术导致的；其次，克服现代性的种种企图很容易导致法西斯主义以及对"游离失所的人（deracinated peoples）"的疯狂排斥。我们先总结第一点，下一节再讨论第二点。

在《姿势与语言》结尾处，勒鲁瓦-古汉提了一个关于节奏（rhythm）的问题，这一问题是与技术系统造成的同步化（synchro-

---

502　P. 斯洛特戴克，《球体理论：浅谈空间的诗学》（*Spheres Theory. Talking to Myself About the Poetics of Space*），《哈佛设计杂志》（*Harvard Design Magazine*），第30页，（Spring / Summer 2009），第1–8页。

503　P. 斯洛特戴克，《没有自我毁灭的道德义务》（*Es gibt keine moralische Pflicht zur Selbstzerstörung*），《西塞罗政治文化杂志》（*Cicero Magazin für politische Kultur*），28 January 2016。

282

nisation）一并产生的："如今的个体被一种节奏性填充、规定着，这种节奏性几乎已到了完全机械的状态，与人化相对立。"[504] 这一从空间比喻向时间性经验转变的提议，也促使我们反思那日益同步化、同质化的节奏——它与全球性技术系统的胜利相伴，后者已占据了我们日常生活的方方面面，贯穿着远程通讯、物流、金融等各个领域。继利奥塔的后现代"迷失方向（disorientation）"后，这种反思应成为"重新定向（re-orientation）"计划的主要任务，旨在超越全球与地方（作为文化与政治认同的构建）的对立。这并非要否定技术或传统，而是必须改变现状，以向宇宙技术的多元主义和节奏的多样性敞开。实现它的唯一办法，是废除及重建那些作为技术（technics）和科技（technology）被我们普遍接受的范畴。与利奥塔相比，东方人克服现代性的尝试——无论是京都学派以战争克服现代性的狂热主张，还是牟宗三通知良知的坎陷以超越它的乐观主张——通通失败了，因为他们没能克服由现代性那全球范围的技术无意识所构建起来的时间轴。西谷启治的策略是把这一时间轴包裹起来从而逃离它，并以绝对无作为它的新基础。牟宗三的策略则是通过沉思这一时间轴而降入其中，将它整合进去，正如他的"一心开两门"。但问题在于，这两人提出的解决方案都是二元论的。它不是笛卡儿式的二元论——两人实际上都深刻理解到了笛卡儿二元论的问题，并力争克服它——而是体现在这样一个事实中：它忽视了作为此在和世界历史性的构成要素的技术，只把技术当作

504　勒鲁瓦-古汉，《姿势与语言》，第311页。

心的一种可能性。可以说，以上三种尝试都失败了，但他们提问题的方式能启发我们提出另一个计划。利奥塔思辨性的问题如今依然有效，因为真正的问题不在于中国或日本传统能否产生科技，而在于它们该如何居有全球性的时间轴，以从根本上为自身开启新的领域——就像利奥塔描述的那样（不过是沿着相反的方向），以及如何与此同时避免退回二元论。

§26　归家的困境

我们能从这些克服现代性的尝试中学到什么？那些立场与海德格尔对哲学和技术的解释相同的尝试，都以形而上学的法西斯主义告终。京都学派继承了黑格尔式辩证法与海德格尔的哲学任务（作为纳粹德国的理论），企图实现大东亚共荣圈[505]，这不仅导致了形而上学的误判，还引向了无法弥补之恶。然而仅从道德义愤的角度批判它是不够的：海德格尔的确指出了技术的行星化扩展（planetarization）的问题，即它摧毁了传统，使一切"家园"都消

505　田边元在《共荣圈的逻辑：走向区域阵营的哲学》（*On the Logic of Co-prosperity Spheres: Towards a philosophy of Regional Blocs*）（1942）一文中，以黑格尔式辩证法呈现了这一计划，在他看来，这将通向各民族的平等。1933年田边元在日本报纸上发表了三篇系列文章，《危机的哲学或哲学的危机：对海德格尔校长就职演说的反思》（*The Philosophy of Crisis or a Crisis in Philosophy: Reflections on Heidegger's Rectoral Address*）文中回应了海德格尔的校长就职演说。田边元反驳了海德格尔把亚里士多德的沉思（theorein）看作最首要的态度，他指出要把哲学视为一种对政治危机更激进的干预，正如柏拉图两次到访叙拉古（Syracuse）所做的。田边元的其中两篇文章收录于W. 威廉姆斯（D. Williams），《为日本太平洋战争辩护：京都学派哲学家与后一白人力量》（*Defending Japan's Pacific War: The Kyoto School Philosophers and Post-White Power*）（London: Routledge, 2005）。

失了。但对这一问题的反思不能只停留在对民族主义的批判上，还
要考虑到技术全球化导致的严重后果。如果不能把握这一困境，就
会走向京都学派狂热的主张：试图重建世界历史，哪怕以全面战争
为代价；或是走向伊斯兰极端主义，认为能用恐怖行动克服这一问
题。如果不能直面技术全球化，狂热主义的余烬就不会彻底熄灭，
且会以各种形式向欧洲内外的四面八方扩展。21世纪的前20年就体
现了这种克服现代性的无能为力。

我们可以把俄罗斯新右翼的海德格尔派思想家亚历山大·杜金
（Aleksandr Dugin）看作是这种思潮在当今的代表人物，他也把居
有哲学的"归家"当作对技术的全球性扩展的抵抗。杜金继20世纪
的三种主要政治理论后，提出了一种所谓的"第四政治理论"。[506]
这一新计划是通常与海德格尔、恩斯特（Ernst）和弗里德里希·荣
格（Friedrich Jünger）、卡尔·施密特（Carl Schmitt）、斯宾格勒
（Oswald Spengler）、维尔纳·宋巴特（Werner Som-bart）、奥
特马尔·施潘（Othmar Spann）、弗里德里希·希尔舍（Friedrich
Hielscher）、恩斯特·尼克希（Ernst Niekisch）及名声更狼藉的亚
瑟·穆勒·范登布吕克（Arthur Moeller van den Bruck）——他在
1923年的《第三帝国》（Das Dritte Reich）中反对现代技术并将其
视为对传统的威胁，该书对德国民族主义运动的影响很大——相关
联的"保守主义革命（conservative revolution）"的延续。在杜金
看来，现代性似乎是对传统的毁灭，而后现代则是"对存在的最终

---

506 A. 杜金，《第四政治理论》（The Fourth Political Theory），M. 斯列博达（M.
Sleboda）、M. 米利梅（M. Millerman）译（London: Arktos Media, 2012）。

遗忘，是无（虚无主义）开始从各个缝隙中渗出的'午夜'"。[507]
他认为同时克服现代性与后现代性的方法便是追随范登布吕克的脚
步，主张"保守主义者必须引领一场革命"。[508] 杜金的想法是要
回归俄国传统，并将其用作一种反对技术现代性的策略。这一主张
在他所谓的"欧亚大陆运动（Eurasia movement）"中具体体现了
出来，该说法既是一种政治理论，也是知识型，因为它把传统视为
"与包括科学、政治、文化和人类学在内的单一的现代性知识型对
立"的知识型。[509] 这种对新知识型的重建与我们之前的论证有些许
共鸣，但杜金未能将其发展为一个哲学计划，因此仅仅是一场保守
主义运动。

　　这种"保守主义革命"无疑是一场反对技术性现代化的反动运
动。海德格尔是第一个将该问题哲学化，把现代技术视作形而上学
的完成的人。不过他保留了朝向前苏格拉底思想的"归家"的可能
性。海德格尔的做法或多或少默应着荷尔德林的抒情小说《许佩里
翁》（Hyperion），这部作品包含一个讲述者和他的希腊恋人的书
信。从信中我们得知许佩里翁曾离开故乡，去德国寻求阿波罗式的
理性，[510] 但他感到难以忍受德国的生活，就回到了希腊，作为隐
士生活。对荷尔德林来说，古希腊是关于一个独特历史时刻的"经

286

507　A. 杜金，《第四政治理论》（*The Fourth Political Theory*），第22页。

508　同上，第132页。

509　A. 杜金，《第四政治理论》（*The Fourth Political Theory*），M. 斯列博达（M. Sleboda）、M. 米利梅（M. Millerman）译（London: Arktos Media, 2012），第136页。

510　朱利安·杨（J. Young），《从柏拉图到齐泽克的悲剧哲学》（*The Philosophy of Tragedy From Plato to Žižek*）（Cambridge: Cambridge University Press, 2013），第101页。

验"与"知识",技术和自然的关系表现为张力和冲突。[511] 海德格尔在他对于当代技术状况的诊断中也采纳了这一态度,并将其视为另一开端。不难看出,海德格尔、京都学派和杜金的归家观念中的政治计划有着共同的基础。

哲学的归家,作为超越现代性的重新开始,不仅是对科技(海德格尔在二十世纪三四十年代将其描述为"谋制(Machenschaft)",该说法是"集置(Gestell)"一词的先兆)的拒绝。[512] 对形而上学的放弃是基于这样一种希望:某种更"本真"的东西,存在的真理能显露出来。但存在的真理不是普遍的,因为它只向那些归家的人显露出来,而不向那些不在家的人显露,更不要说那些阻隔在人民(Volk)和他们的"归家"之间的人了。这些人被归在"大众(das Man)"的范畴下,犹太人自然便是这一范畴的典型例子;正如多纳泰拉·迪切萨雷(Donatella Di Cesare)所说,海德格尔的《黑皮笔记》中贯彻着一种"形而上学的反犹主义":按照这种对形而上学史的阅读,犹太人成了形而上学的去根化(deracination)的完成和扩大:

> "世界犹太人(Weltjudentum)"的角色的问题并非种

---

511 丹尼斯·施密特,《论德国和其他希腊人》(*On Germans and Other Greeks*)(Indianapolis: University of Indiana Press, 2001),第139页。

512 英戈·法林(I. Farin),《历史和政治背景下的黑色笔记》(*The Black Notebooks in Their Historical and Political Context*),见I. 法林(I. Farin)、J. 马帕斯(J. Malpas)编,《读海德格尔的黑色笔记 1931—1941》(*Reading Heidegger's Black Notebooks 1931–1941*)(Massachusetts, Cambridge: MIT Press, 2016),第301页。

族问题（rassisch），而是一个关于人的种类（Menschentüm-
lichkeit）的形而上学问题（metaphysisch），当这种人脱离一
切依靠，就会开展其将一切存在者（Seiendes）的根基从存在
（Sein）中拔除的世界历史性使命。[513]

犹太问题（Judenfrage）和存在问题（Seinsfrage）构成某种存
有论差异，但对海德格尔来说，犹太民族并不像在手之物那样是某
种固定（stationary）的东西，它是一股将西方推向存在的深渊的力
量。犹太民族占据了西方形而上学的现代发展，且正将"空洞的理
性"和"算计的能力"四处扩散。

但被描绘为有害的形而上学力量，并阻碍了存在问题的追问
的，不仅是犹太人，海德格尔想到的还有他说是"野蛮、无根基、
异地（allochthnonic）"的"亚洲人（Asiatics）"。[514] 我们不太清
楚他说的"亚洲的"是什么意思，显然，它笼统地指一切"非欧
洲的"。1936年4月8日，海德格尔在罗马凯撒-威廉学院（Kaiser-

287

288

---

513 海德格尔，《全集》，第96页，反思VII-XI，《黑色笔记》（*GA 96 Überlegun-
gen XII-XV Schwarze Hefte 1939—1941*）（Frankfurt am Main: Klostermann, 2014），
第243页；引自多纳泰拉·迪切萨雷（D. Di Cesare），《海德格尔的反犹形而上学》
（*Heidegger's Metaphysical Anti-Semitism*），见《读海德格尔的黑色笔记本 1931—
1941》，第181页。

514 班巴奇总结了海德格尔关于早期希腊人与亚洲人对立的讨论："（亚洲）是野
蛮、无根基和异地的象征——他们的根基不是本地的，而是外来的。对海德格尔来
说，亚洲象征着纯粹的他异性（alterity），这一他性（otherness）威胁着家园的保
存。" C. 班巴奇，《海德格尔的根：尼采、国家社会主义与希腊人》（*Heidegger's
Roots: Nietzsche, National Socialism, and the Greeks*）（Ithaca and London: Cornell Uni-
versity Press），第177页。

Wilhelm Institute）的赫尔奇阿娜图书馆（Hertziana）做了一堂题为
《欧洲与德国哲学》的讲座，讲座中他这样定义欧洲哲学的使命：

> 我们历史性的此在正日益紧迫且清晰地感到，它的未来正
> 面临一种阴郁的非此即彼。拯救欧洲，或自我毁灭，但拯救的
> 可能性有赖于两样东西：
>
> 1. 在亚洲人（Asiatischen）的面前保护（Bewahrung）欧
> 洲人民。
> 2. 克服它自身的无根性和瓦解。[515]

空洞的理性和算计的扩张——它是西方形而上学的归宿——的
历史性意义为何？它被呈现为一种危机，欧洲哲学无力处理的紧急
事态，因为这危机已经是全球（planetary）的了。无论是在欧洲还
是在欧洲之外的亚洲人，都被看作欧洲的威胁——然而欧洲之外的
亚洲国家也没有能力对抗现代化的技术逻辑。当京都学派退回到对
母土（Heimatum）的思考，他们也是在追随海德格尔的思路。这进
而将"形而上学的法西斯主义"合法化了，这里的某种"转向"是
海德格尔、京都学派和最近的俄国保守主义共有的。

　　这表明了海德格尔对西方形而上学史和技术史（作为自然史）

515　海德格尔，《欧洲与德国哲学》（*Europa und die Deutsche Philosophie*），引自L.
Ma，《海德格尔论东西方对话：对事件的预期》（*Heidegger on East-West Dialogue:
Anticipating the Event*）（London: Routledge, 2007），第112页；原文重载于H. H. 甘德
斯（H. H. Ganders）编，《欧洲与哲学》（*Europa und die Philosophie*）（Frankfurt am
Main: Klostermann, 1993），第31–41页。

的解读的局限性。[516] 然而我们也可以问 "为什么海德格尔的形而上学分析在东方引起了如此大的反响？"因为——我们再一次强调——他描述的现象是不可否认的：传统正在毁灭——例如一些村庄丧失了它们传统的生活形式，变成了旅游景点。[517] 这一点超出了海德格尔对于欧洲的命运的原初考虑，但他似乎感到现代性经验在欧洲之外比在欧洲更严重——例如他写道，如果共产主义在中国取得权力，技术就会在中国变得 "自由"。现代化开展一百年之后，21世纪各国哲学——无论是中国、日本还是非洲——的 "归家"都将变得更为紧要，因为迷失方向的进程正在加速。那么，我们该如何避免全面战争、民族主义和恐怖主义的狂热，或者所谓 "保守主义革命"这种声称反对法西斯主义的形而上学法西斯主义呢？

　　每个人、每个文化都需要一个 "家园"，但这不需要是一种排外的、实体性的位置。这本书的目的是表明不仅寻找其他出路是必须的，通过重新思考技术问题（不仅作为普通的技术逻辑，而是不同的宇宙技术的重新思考），其它的出路确实是可能的。这包括要从某一文化内部对其形而上学范畴进行重新居有，并将现代技术接纳进去，转变这一技术。

290

　　1949年后，共产主义开始将技术用于经济和军事竞争，而新儒家对于现代化的态度与之不同。他们回到了传统哲学，好在没有导致那种形而上学的法西斯主义。他们失败的原因是历史性和哲学

516　海德格尔，《全集》第95卷，第133页。

517　同上，第80页。

性的：首先，现代化展开的速度如此之快，它没有给任何哲学反思——尤其是始终未能在自身之中找到技术（Technik）范畴的中国哲学——留下时间；其次，他们将技术重新概念化的倾向是偏理念论的，因此从属于文化计划，而缺乏对技术的深入理解。按照宇宙技术的思路，我们应当通过同时重新发明自我和技术来重新着手现代性问题，并与此同时给道德和伦理以优先性。

§27　人类世中的大中华未来主义（Sinofuturism）

我们的讨论似乎可以到此为止，因为关于中国论技术问题已经充分展开过了：首先，一度主导着社会与政治生活的传统形而上学和道德宇宙论解体了；其次，试图重构一种既与他们的传统相适应，又与西方科技相容的根基的努力，只产生了相反的效果；最后，海德格尔预计到的作为欧洲的内在危险的"拔除根基（Entwurzelung）"在亚洲展开得更为迅猛。然而我们还不能在这里止步；我们必须应对哲学的"归家"的问题并超越它。因为显然中国不能彻底拒绝科技——它已深刻地成为他们从未经历过，但已经被承传给他们的过去。我们必须继续追问技术的状况，它在今天的亚洲普遍造成了丧失传统的感受；唯一可能的回应方式便是提出一种新的思考、使用技术的方式。

在1958年的一次圆桌会谈上，西谷启治带着巨大的悲痛描述了这种根基的拔除：

> 宗教在日本已经丧失了效力。我们甚至没有一种严肃的

无神论。在欧洲，每一种相对于传统的偏离都必须与传统达成了某种妥协，或至少是与它相对抗的。这似乎解释了那种使得人民成为思考的人民的内向或内省的态度。而在日本……传统的纽带被切断了，与我们身后的事物达成妥协的重担已经不在了，它的位置上留下的只有真空。[518]

中国现代化的速度或许比日本还快，这正是因为中国曾经是而且依然被看作是一个"没有现代性的现代化"国家，而日本则受过欧洲现代性的洗礼。中国在20世纪下半叶经历了一个个事件：大跃进、"文化大革命"、四化（农业、工业、国防、科技）建设和市场经济等等。随后在近30年间我们目睹了一场巨变，它与以速度、创新和军事竞争为特征的全球性技术时间轴同步。正如我们前面提到的，西谷启治已经观察到，如今的技术体系已同一切道德宇宙论相分离：宇宙论变成了天文学、精神被贬低为迷信，宗教成了"人民的鸦片"。西谷启治担忧的这种传统与现代生活的分离正日益加剧。正如我们在第一部分中说的，在"自然辩证法"思想家的指导下的加速化，直接把中国放到了和西方一样的技术性时间轴上。不过在加速化和同步化的共同作用下，显得落后的是中国的思想。器道关系已在技术体系带来的新节奏中垮掉了。在此我很想重复海德格尔说的"黑夜正在降临"，放眼望去我们会见到一些传统的消失和对文化遗产肤浅的市场化（例如通过文化工业或旅游业）。伴随

292

518　引自J. 海西格，《虚无的哲学家》（*Philosophers of Nothingness*），第204页。

着经济增长，我们也感到终结正在迫近，这一终结将在人实现的市场化类纪（Anthropocene）的新场景下被实现。

地理学家所说的人类世是继全新世（Holocene）之后的地质年代，后者为人类文明的发展提供了稳定的地球系统。人类世是一个新纪元——新的时间轴，人类活动以超乎想象的方式影响了地球系统。研究者们大致同意人类世是从19世纪末开始的，它以瓦特引发了工业革命的蒸汽机的发明为标志。从那时起，工业人（homo industrialis）和技术无意识已经成为引起地球变化的最主要动力和灾难的制造者，[519] 因为人类已经一跃成为"理解人类历史的解释性原因范畴"。[520] 在20世纪，我们观察到了地理学家所谓的"大加速"，该进程从1950年开始，体现在冷战期间的经济和军事竞争，以及能源从煤向石油的转变等事件中。宏观地说，我们早已察觉到气候的变化和环境的破坏；微观地说，地理学家发现人类活动已经深刻地影响了地球的地质化学过程。按照这种对我们的世纪的概念化理解，地理时间与人类时间已不再是两个分离的系统。

不仅知识界，公众也已经开始普遍意识到人类世是技术无意识的顶点，技术在生物圈的毁灭与人类的未来方面都扮演着重要角

519　我所用的"工业人（homo industrialis）"一词借自M. S. 诺斯科特（Michael Northcott），《气候变化的政治神学》（*A Political Theology of Climate Change*），Grand Rapids, MI: Eerdmans, 2013，第105页。

520　C. 博纳伊（C. Bonneuil），《地质学转向——人类世的叙事》（*The Geological Turn——Narratives of the Anthropocene*），见C. 汉密顿（C. Hamilton）、F. 格曼（F. Gemenne）与C. 博纳伊编，《人类世与全球环境危机：新时代下反思现代性》（*The Anthropocene and the Global Environmental Crisis: Rethinking Modernity in a New Epoch*），（London and New York: Routledge, 2015），第25页。

色：按照估计，如果气候变化没有被有效地抑制，人类将在两百年内走向灭亡。[521] 人类世与重新思考现代性的计划紧密相关，因为从根本上说，现代对宇宙、自然、世界和人的存有论解释正是造成我们今天身处其中的窘境的原因之一。人类世几乎无法同现代性分开，因为两者是位于同一时间轴的。

简单地说，对于人类世潜在的威胁有两种回应方式：一种是地球工程学的，它相信能够通过现代技术修复地球（如生态现代主义）；另一种是对文化多元主义和存有论多元主义的呼唤。我们这本书采取的就是这第二种路径。在这方面，人类学、神学、政治学和哲学都已经做出许多努力了，尤其是布鲁诺·拉图尔"重启现代性"的计划和菲利浦·德斯寇拉的自然人类学。在许多人类学家看来，现代性带来的文化与自然的区分正是造成了人类世的主要原因。正如蒙特贝罗强调的：与讨论包括生命、人和神在内的存在者整体的爱奥尼亚宇宙论不同，笛卡儿二元论使人类成了一种特别的存在，它与自然分离，把自然当作它的对象。[522] 把笛卡儿二元论当作"原罪"来责备还是太简单了，但如果没能意识到它是现代计划的典范，则也是一种无知。现代性从我思开始，它相信意识能让人类统治世界，并从我思的自我奠基出发建立起一整套知识体系，制定发展规划。神学家米歇尔·诺斯科特（Michael Northcott）认为，这一过程是与西方的神学意义的丧失和政治-神学的失败相伴的，

294

295

---

521 诺斯科特，《气候变化的政治神学》，第13页。

522 P. 蒙特贝罗，《宇宙形态的形而上学》（*Métaphysiques cosmomorphes*），第103页。

他表示：

> 其实，将人类世的开端定在工业革命的起点的做法，从
> 神学角度说最恰当的，因为正是伴随着煤炭、光学和商业的兴
> 起，基督－教堂－宇宙的共同作用力（co-agency）的含义在宗教
> 革命后的欧洲不复存在。[523]

诺斯科特的观察与西谷启治的相呼应，不过对欧洲来说，尽管
工业革命被体验为一种断裂，它仍然是一种连续性，因为这一断裂
源于内在动力，而非由外来力量的闯入引发。在最近关于人类世的
反思中，一些杰出的知识分子也已提出了某种政治神学与宇宙论的
重新发明。诺斯科特等人将人类世理解为变革的时刻和需要抓住的
时机（kairos）[524]，他也把18世纪末苏格兰地质学家詹姆斯·赫顿
（James Hutton）发现的地球的深时间（deep time）解读为柯罗诺斯
（chronos），[525] 并将人类世看作是没有上帝干预的世界末日，这一
时机呼唤人类为危机负起责任。

296   然而这些提议都低估了现代性问题，仿佛它只是一场波折

---

523 诺斯科特，《气候变化的政治神学》，第48页。

524 M. 诺斯科特，《人类世的末世论：从深邃时间的柯罗诺斯到人类时代的时机》
（ *Eschatology in the Anthropocene: from the Chronos of Deep Time to the Kairos of the
Age of Humans* ），第100–112页。

525 赫顿是第一个提出地球存在了不止8亿年的人，该主张与《圣经》中关于地球存
在了约6000年的信仰相悖。赫顿的发现不仅是对教会的挑战，它还提出了一种"地球
系统"的理论，这被看作是现代地质学的开山之作。

（disturbance, Störung）。让我们以拉图尔的"重置现代性"计划为例，看看拉图尔是用怎样的比喻描述"重置现代性的"：

> 如果你迷失方向了该怎么办——比如如果你手机上的罗盘开始乱动，该怎么办？你会重置它。你或许会因迷失方向而陷入恐慌，但你还可以按照说明慢慢校准罗盘，让它重置。[526]

这一比喻的问题在于，现代性不是一台出了故障的机器，相反，它是按照自身内在的逻辑运作得太好了。一旦它重置，它还会从同样的前提出发、按照同样的方式运作。我们也没法指望现代性能像按个按钮一样重置——或者说，这一现代的时机或许在欧洲是可能的（尽管我怀疑这一点），但在欧洲之外就肯定不是了。正如我谈到中国和日本克服现代性计划的失败时表明的：中国的策略最终加剧了现代性，而日本的策略则导致了狂热和战争。这里"迷失方向"不仅意味着一个人迷路了、不知道该选择哪个方向，它也意味着时间性、历史和形而上学上的不相容性：毋宁说它是"东方的丧失（dis-orient-ation）"。

与"回归自然"或"重置现代性"的呼吁不同，我在此主张要重新发现一种作为形而上学和认识论计划的宇宙技术。现代科技在这一计划中扮演的角色还需进一步澄清，在我看来这是如今克服

297

526　B. 拉图尔，《我们谈一下吧！》（*Let's Touch Base!*），见 B. 拉图尔编，《重置现代性！》（*Reset Modernity!*）（Karlsruhe and Cambridge MA: ZKM/MIT Press, 2016），第21页。

现代性的根本问题。问题不在于中国在人类世中扮演的角色——尽管我们知道中国极大地加速了人类世的进展[527]——而在于中国（以中国为例）在由现代科技构建起的地球-人类时间轴的巨大力量面前，该如何重新找到自己的位置。如何能把技术无意识与我们这里试图阐明的宇宙技术结合起来？某种大中华未来主义（我们或许可以这样叫它）已经在各个不同领域显现出来了，然而这种未来主义是同道德宇宙技术的思考背道而驰的——最终它只是对欧洲现代计划的加速。中国如今的数码化进程证实了我们的观点：当脸书和Youtube出现时，创立了和他们类似的人人网和优酷；当Uber出现时，中国采纳了它并叫它优步……我们知道这种做法是有历史和政治原因的，或者如今已到了应当终止这种重复并且必须重提现代性问题的时候了。

2015年，中国公司已经签了合约要在英国欣克利角（Hinkley Point）建一座核电站。1974年原子弹和1976年氢弹的试验使中国掌握了核武器，但那时的核计划还停留在中国领土内，如今在英国建核电站的含义则不同。2015年10月，BBC邀请驻伦敦的中国大使刘晓明讨论核电站的问题，当被问到英国能否也在中国建核电站时，他答道："你们有资金吗？有技术吗？有专家吗？……如果你们都有，我们肯定会像与法国合作一样与你们合作。我们已经在和法国合作了。"

298

527　例如自2008年以来，中国已经是二氧化碳排放量最大的国家。见W. 斯特芬（W. Steffen）等，《人类世：从全球变化到全球范围的管理》（*The Anthropocene: From Global Change to Planetary Stewardship*），AMBIO 40:7（2011）。

2016年2月，当CCTV播报一年一度的春节联欢活动时，气氛在550个机器人舞蹈着登上舞台的一刻达到了高潮，歌手用颤音唱着："冲冲冲，冲向世界的巅峰……"这时十来架无人机在舞台上腾空而起，在激光束之间来回穿梭。这一场面极好地体现了人类世在中国可能未来是什么样子：机器人、无人机——它们是自动化、进步、加速的象征。人们或许会惊叹，大众的想象与一度是中国传统的核心的生活方式和道德宇宙论，已经相距悬殊了。然而，这一景象的背后——无论承认这种状况有多让人尴尬，无论这将使我们为传统的丧失感到多么悲痛——的含义是，中国已经成功地参与进现代性时间轴的建构中，并且成了现代性的主要旗手之一（当然这不仅对于中国成立，对于许多其他发展中国家也是成立的）；尤其是当我们考虑到中国快速、持续的现代化进程和它在非洲的基础设施建设项目。偶然闯入中国传统中的"现代"不仅正在中国扩张，还推广到了其他第三世界伙伴国家那里——在此意义上，这是通过现代科技对欧洲现代性的扩展（按照海德格尔的说法，也是存有神学的扩张）。

　　因此人类世的问题不仅关涉到减少污染等措施，它也意味着——正如海德格尔已经指出的——对抗那正将我们拉入深渊的时间轴。并不是说那些改良措施不重要，它们是必要的，但还不充分。更根本的是人与宇宙（天与地）的关系，它规定着文化与自然。正如海德格尔预测到的，这些关系已经逐渐消失了，屈服于对存在作为持存的普遍理解。资本主义正是统治着地球的当代宇宙技术；社会学家杰森·穆尔（Jason W. Moore）准确地称之为一种不

停剥削自然资源和无偿劳动，以维系其生态的"世界生态学"；[528]
经济学家希姆雄·比希勒（Shimshon Bichler）和乔纳森·尼灿
（Jonathan Nitzan）提出，我们可以将资本主义理解为一种"权
力模式"，它不断规定，再规定着权力［正如希腊语中"秩序化
（kosmeo）"一词所指的］。[529] 比希勒和尼灿认为，资本主义的演
化过程不仅是它对现代科技的接受过程，而是说这两者共享着同一
种对宇宙动力的理解：例如19世纪末至20世纪初，机械力学的模型
转变成为一种优先考虑不确定性和相对性的模型。

300

确实，关于如何把人与宇宙的关系重新概念化为共存、治理和
生活的原则这一点，古代智慧能给我们一些提示。例如在《孟子》
中，有一篇孟子和梁惠王的著名对话；孟子谴责了战争，并向国君
提出了另一种根据"四时"统治国家的方法：

> 王如知此，则无望民之多于邻国也。不违农时，谷不可胜
> 食也；数罟不入洿池，鱼鳖不可胜食也；斧斤以时入山林，材
> 木不可胜用也。谷与鱼鳖不可胜食，材木不可胜用，是使民养
> 生丧死无憾也。养生丧死无憾，王道之始也。[530]

---

528 J. W. 穆尔（Moore），《生命网中的资本主义：生态学与资本积累》（*Capitalism in the Web of Life: Ecology and the Accumulation of Capital*）（London: Verso, 2015）。

529 S. 比希勒（Bichler）与J. 尼灿（Nitzan），《作为权力的资本主义：通往一种新的资本主义宇宙论》（*Capital as Power: Toward a New Cosmology of Capitalism*），《实世界经济评论》（*Real-World Economics Review*），61（2012），第65–84页。

530 孟子，《孟子》，I. 布鲁姆（I. Bloom）译（New York: Columbia University Press, 2009），第1、3页。

在孟子的同代人荀子（313—238BC）的一个段落里，也能找到关于按照四时统治国家的说法。[531] 过去的十年间，当人们考虑经济危机和猖獗的工业化时，经常记起中国古代的智慧，但我们听到的却是连续不断的灾难。"礼"已经完全形式化得可笑，人们拜天只是为了能进一步剥削大地并获取更大的利益。人们并非没有意识到问题，但实用主义逻辑——想要更好地适应以从全球化中获利的逻辑——使我们无法更深入地提出宇宙技术和知识型的问题。与宇宙的宇宙技术式关系（不仅密切，也是一种限制）在工业生产方式中往往被忽视了。知识和实用知识（know-how）的极大多样性，已被资本主义强加的支配性全球知识型取代了。我们必须挑战这种世界的技术生成（technological becoming），以打断它占主导地位的同步化过程，并提出另一种共存的模式。然而，尽管我们不能就这样简单地承认在全球时间轴的进程下，中国哲学的原则已经过时、作废了，这一问题也不能通过对"精神性"的肤浅拥护，或把技术置于来自由远古神明的"自然哲学"框架下的想像，并补充上一种安抚性的形而上学——它只能缓和失去方向带来的不安（如作为消费者的"自我发展"的那种禅学或道学）——来解决。对技术的重新居有使"克服现代性"的计划变得更复杂，因为它必须是一个由共同的时间轴构建，并与这一时间轴对抗的全球性的计划。避开全球的问题只能延缓瓦解，此外给不出任何更好的解决方案。我们必须

301

302

---

531 孟子认为人性本善，而荀子认为人性本恶，因此教育是很重要的。荀子和孟子在生态问题上的看法一致，但荀子认为国王作为圣人，应当制定法律以保护还在生长中的自然资源，如"草木荣华滋硕之时，则斧斤不入山林，不夭其生，不绝其长也"。

从这一立场出发思考世界史。

§28 走向另一种世界史

当我们强调共同时间轴和世界历史，我们是否如后殖民学者所说的那样，陷入了一种历史主义，并接受了支柱着世界历史的欧洲现代性叙事？[532] 这一问题值得我们关注，因为仅是新瓶装旧酒是危险的。不过，这不仅是叙事的问题，而是无法被化约到单纯的话语层面的技术现实问题。世界史只是一种叙事，因而认为能从另一种叙事中找到出路的主张，忽视了这种世界史的物质性，并将技术与思想、道与器的关系当成了单纯的文本问题。例如我们知道，历史主义在18世纪出现，在1880至1930年间，由德国历史学家和新康德主义者们进一步发展，而在两次世界大战之后就倒台了。[533] 我们的问题不在于作为叙事的历史，而在于它能如何在物质层面发挥作用。我认为对时间（因此也是世界史）的新建构不仅是新的叙事，而是一种新的实践和知识——它不能被现代性的时间轴总体化。必须强调，我们的立场不同于后殖民批判。

让我们本着这种精神简要讨论一下后殖民历史学家和学者迪佩什·查卡拉巴提（Dipesh Chakrabarty）在他绝妙又富于煽动性

532　D. 查卡拉巴提（Chakrabarty），《将欧洲边缘化：后殖民思想与历史性差异》（*Provincializing Europe: Postcolonial Thought and Historical Difference*）（Princeton and Oxford: Princeton University Press, 2000）。

533　虽然我们也可以推前一点到18世纪的赫尔德（Johann Sottfried Herder），见班巴奇，《海德格尔、狄尔泰与历史主义的危机》。

的《将欧洲边缘化》（*Provincializing Europe*）一书中的观点；该书深入批判了历史主义以及作为现代性的历史叙事的轴心的"欧洲"观念。查卡拉巴提借用海德格尔的上手（zuhanden）与在手（vorhanden）的比较，以"历史1 VS 历史2"的范式质疑了马克思式历史概念：

> 海德格尔并没有忽视对象性关系（历史1描述的就是这种关系）的重要性，……，海德格尔的翻译者称之为"在手"（present-at-hand），……，按照海德格尔的思维框架，在手和上手同样重要，没有哪个能在认识论意义上优先于另一个。历史2不能被扬弃在历史1中。[534]

几页之后，查卡拉巴提更清楚地阐明了他说的历史1和2是什么意思：当作为哲学—历史范畴的资本通过翻译，被分析为向着历史1的过渡，它就成了一个普遍且空洞的抽象。然而历史2敞开了"历史性差异"，因此包含着另一种由不可化约的差异构成的翻译。在这一意义上，我们可以用海德格尔的"上手"概念抵抗历史1的"认识论优先性"：[535]

> 历史1只是分析性的历史。但历史2的观念向我们暗示着关

304

534　查卡拉巴提，《将欧洲边缘化》，第68页。

535　同上，第239页。

于人之归属的更感性（affective）的叙事。在这种归属中，不同的生活形式相互渗透，但它们不能通过抽象劳动这类作为等价物的第三项而彼此兑换。[536]

这一分析的问题在于"上手之物"未被澄清，正如我在别的地方讲过的，上手之物从根本上说是我们日常生活中的技术物。它们不同于在手之物，不是站在（stehen）主体对立面（gegen）的对象（Gegenstand）。上手之物的时间性是由它的器具性（Zeuglichkeit）规定的。例如，当我们使用一把锤子时，我们并没有把它当作思考的主题，而是好像早已了解它那样使用它。海德格尔所说的"上手性（Zuhandenheit）"是由话语（discursive）关系和存在关系共同构成的，这两种关系既构成了技术物也构成了技术系统的时间性动力。[537] 我们生活在一个由日益增添技术物构成的世界中，这305 些物件在不同的历史阶段不停演变，因而具有不同的时间性。作为基本范畴的历史学与本真历史、在手之物与上手之物的对立，这还不足以说明历史性本身。正是在这一点上，我们可以将斯蒂格勒与西谷启治对世界历史性的解读对立起来。查卡拉巴提将上手性描述

536　查卡拉巴提，《将欧洲边缘化》，第71页。

537　见我的《论数码物的存在》一书第3章，在那里我提出了一种关系的存有论，用于描述我所谓的"话语的"和"存在的"之间的动力关系。不能把这两种关系与中世纪哲学中的"按照话语的关系（relationes secundum dici）"和"按照存在的关系（relationes secundum esse）"混淆，因为后者依然预设着实体概念，我的关系存有论则试图摆脱这一预设。概括地说，话语关系是那些可以说出，并物质化为不同形式的关系，它也包括因果关系——如绘画、写作、滑轮和皮带的接触、电流和数据连接。存在关系是与世界的关系，它们会在话语关系的具体化中不停地被调整。

为生活世界的说法既直观又很有意思，它是对抗殖民历史的另类历史的概念化，因为上手之物拒绝被化约为本质。然而，只有当我们意识到上手之物作为技术物的性质，同时还意识到它不能作为技术物单独存在时——它们存在于一个日益统一化、全球化系统的世界中——才能从它们出发推导出一种历史性概念。

正如查卡拉巴提所说，那将全球活动同步化的时间轴正变得愈加强大和同质化。这一过程正是我们说的"现代化"。然而，我认为我们不能将这一时间轴简化为叙事，并轻而易举地把它"边缘化（provincialize）"。查卡拉巴提的批判暴露了许多后殖民理论的问题：它们倾向于将政治和物质性问题还原到比较文学中的互文性（inter-textuality）层面。作为技术无意识的现代性必然会在其他文化和文明中扩展自己。宣称现代性在欧洲的终结并不意味着它总体上结束了，因为只有在欧洲，这种技术意识才被同时把握为命运和一种新的可能性（正如尼采的虚无主义）。对其他文明而言，现代性是必然的，因为技术无意识正通过全球军事和经济竞争自我扩张着，技术现代化是无可避免的。正是在这种情况下，中国才意识到必须加快技术发展——冷战期间与美苏持续的紧张关系以及随后的市场经济，都促使中国花费大量的自然和人力资源，来维持GDP的持续增长。因此问题不仅在于提出新的叙事，或者从亚洲或欧洲角度看待世界史，而是要对抗这一时间轴，通过现代性克服现代性，也就是要重新居有现代科技和技术意识。

全球贸易带来的那种作为世界主义权利——正如康德在其《永久和平论》（1795）和《一种以世界主义为目的的普遍历史观念》（"Idea for a Universal History from a Cosmopolitian Point of View",

306

1784）中对于共同生成（common becoming）的构想——的世界主义，如今从某种意义上说，已经通过各种强有力的网络化的科技（如各种形式的网络、交通、电信、金融和反恐等）被实现了。或许我们可以像哈贝马斯那样主张，康德描述的那种理性还未到来，启蒙的计划还有待实现。但现在的问题已经不再是去完成一种康德式和（或）黑格尔式的普遍理性，而是去重建多样的宇宙技术，它们应当能够抵御现代性构建起的全球时间轴。康德在批评了欧洲殖民者和商人之后，指出中国和日本采取反对这些外国来客的政策是明智的：中国允许与外国接触，但不允许他们进入国境，日本则限制只跟荷兰人有接触，同时又把他们当作罪犯看待。[538]但在全球化的背景下，这种"明智"被证明是不可能的，我们也不可能再退回那种隔绝状态了：因为曾经是外在的东西（如贸易）如今已成了这些国家内在的一部分（比如通过金融和其他网络）。

不过，如今"通过现代性克服现代性"的任务将不可避免地把我们引向特殊性和本土性的问题。本土性并非某种外在于全球化、令人宽慰的另一种可能，相反它是全球化的"普遍产物"。[539]如果我们还想继续讨论本土性，就必须意识到它已不再是隔绝的——不再是日本或中国与全球性时间轴分离的自我隔绝——而是不单被全球性生产和再生产着，还主动挪用着全球性的本土性。本土性要

---

538 康德，《论永久和平》，D. L. 柯拉瑞（D. L. Colclasure）译，见《论永久和平及其他政治、和平、历史著作》（*Toward Perpetual Peace and Other Writings on Politics, Peace, and History*）（New Haven, CT and London: Yale University Press, 1996），第83页。

539 隐形委员会（Invisible Committee），《致我们的朋友》（*To Our Friends*）（Cambridge MA: Semiotext, 2014），第188–189页。

想能抵抗全球性时间维度，就得能彻底、有意识地改变全球性，而不只是给它增添美学价值。本土并不处在全球的对立面，否则它就可能沦为"保守主义革命"，甚至助长形而上的法西斯主义。在此我们想要迈出的第一步是重新阅读中国哲学（按照传统的理解，它只是一种道德哲学），把它重新看作宇宙技术，并把传统形而上学范畴当代化。我也试图将技术概念扩展为多种宇宙技术（multi-cosmotechincs）——它由许多不可化约的形而上学范畴组成。从宇宙技术出发对现代技术的重新居有包含两个步骤：首先，正如我们所做的，它需要我们改造器道等基本的形而上学范畴，将其作为基础；其次，我们要在此基础上重建一种能规定技术发明、发展和革新的知识型，使技术发明不再是单纯的模仿或重复。

就中国或整个东亚而言，关键问题在于如何用我们第一部分勾勒的器道关系，推进多样性或多元主义的讨论。我们勾勒器道关系不是为了主张回到器与道的"原初"或"本真"关系中，而是想努力推进一种在全球时间轴下对道的新理解。回顾过去的例子，不同学说（包括儒家、道家等），宋明理学和新儒家的出现，无一例外地都是对政治危机或精神的衰落的回应。它们都试图用形而上学范畴重新解释传统并提出新的知识型。新的知识型进而又会规定政治、美学、社会和精神生活（或生活形式），并作为创造的力量和认识的约束发挥作用。例如在茶艺和书法中，器的使用不再服务于某一特定目的，而是追求一种截然不同的体验。这时的器就被转化进了更高的目的中，用康德的话说，它或许正是"无目的的目的性"。这些形式的审美实践在中国从古至今一直延续着。随着日常生活的现代化，它们不再普及了，即使有些已经在消费社会的市场

308

309　营销策略的背景中再度流行。这里的问题不在于简单地退回美学经验中，而是要将这些审美经验所包含的哲学思考提炼出来。探寻中国技术哲学脉络的课题的关键，是要系统地反思诸技术间的关系，以及宇宙和道德秩序的统一——这将帮助我们重新反思技术的生产与使用。

　　还有许多问题有待反思和具体探索，例如该如何在与信息技术——计算机、智能手机、机器人等——的关系中设想这种经验形式？如何就二极管、三极管、晶体管（吉尔伯特·西蒙东以这些东西为例展开了有关技术物的存在模式的讨论）讨论器与道？在现代化开展了一百年之后，我们又该如何更新同非人类的关系？技术发展已经冲破了古代宇宙技术的框架，以至于古代的教导——如道家、儒家甚至斯多葛主义——都沦为教条，顶多作为自救的手段。它们在"最好的"情况下也就是被转化成"加州意识形态（Californian ideology）"一类的东西。[540] 然而我们始终认为，重提这些问题是可能的，可以从宇宙技术而非泰然任之（Gelassenheit）的角度，依照从宇宙到气的不同数量级来考察它们。在我看来，前面第二节中讨论过的西蒙东对电视天线的分析就是个很好的例子，它能帮助我们设想宇宙技术性思考与现代技术的相容性。

310　　因此，我们提出宇宙技术——不只是宇宙论——的概念是希望能重新敞开对技术史以及技术史的多样性本身的讨论。换句话说，我

540　在美国20世纪60年代的嬉皮士运动，许多黑客都把西化的禅宗佛教作为宗教接受了下来。

们以中国为例，主张以器道宇宙技术作为居有现代技术的基础和限
制，是为了提出一种新的生活形式和宇宙技术——它需要有意识地避
免技术世界的同质化的生成。这一主张只能通过重新解释我们的传
统，并将其转化为一种新知识型来实现。这其中也包含另一种翻译：
它将不再基于对等原则（如把metaphysics译作形而上学，把technē译
作技术），而是基于差异，并允许转导（transduction）发生。

　　按照西蒙东的理解，转导暗含着系统的渐进结构性转化，它是
由新接受的信息引发的——这是文明的个体化（individuation）的一
部分，这一过程中的发展以"内部共振（internal resonances）"为
特点。在一篇题为《人类发展的极限：批判性研究》（"The Limits
of Human Progress: A Critical Study"）[541]的文章中［该文章是对雷
蒙·鲁比（Raymon Ruyer）写于1958年的一篇同名文章的回应，
鲁比主要讨论的问题是技术加速化与人类发展的极限的关系］，西
蒙东主张将技术物的物理性具体化（concretisation）看作文明的限
制。鲁比反对安东尼·古诺（Antoine Cournot）关于技术发展是一
种规则的线性增长的观点，并将其描述为一种"加速膨胀"，他论
证说技术的指数型加速会在某一点上停止。[542] 在此我们无法展开讨
论鲁比的论点，但值得一提的是他在文章末尾表明，尽管18世纪至
19世纪初的工业革命给大部分人口带来了不幸，"一旦技术的结构

311

541　G. 西蒙东，《人类发展的极限：批判性研究》（*The Limits of Human Progress: A Critical Study*）（1959），*Cultural Politics* 6:2（2010），第229–236页。

542　R. 鲁比，《人类发展的极限》（*Les Limites du progrès humain*），《道德形而上学述评》（*Revue de Métaphysique et de Morale*），63:4（1958），第412–427页。

稳定下来，生活的游戏将重新开始，美好的事物将焕然一新"。[543]
鲁比的论点与中国实用主义者们的态度相呼应：继续发展吧，承担
它带来的灾难——我们之后再把"自然"修好。西蒙东并不假设人
类发展有明确的终点，相反，他主张把人类发展理解为循环，其特
征是人类与客观具体化（objective concretisation）的内部共振：

> 如果在从一个自我限制的循环到下一个循环的过程中，
> 人类参与进（他通过客观具体化构建起的）系统的部分增加
> 了，那么就可以说人类在发展。如果"人—宗教（man-reli-
> gion）"的系统被赋予了比"人—语言（man-language）"系
> 统更多的内部共振，"人—技术（man-technology）"系统又
> 被赋予了比"人—宗教"系统更多的内部共振，就可以说人
> 类是在发展的。[544]

西蒙东在这里指出了三种循环，即"人—语言""人—宗
教"和"人—技术"。他在"人—技术"循环中发现了一种新的
客观具体化，它不再是对自然语言或宗教仪式，而是对"技术个体
（technical individuals）"的生产的客观具体化。如果技术性具体化
没能产生任何内部共振，它就无法引向一个新的循环。我们或许可
以说，这一点正是西蒙东对现代性的批判的核心所在。该批判可以

---

543 R. 鲁比，《人类发展的极限》（Les Limites du progrès humain），《道德形而上学
述评》（Revue de Métaphysique et de Morale），63:4（1958），，第423页。

544 G. 西蒙东，《人类发展的极限》，第231页。

在当今中国以及大多数亚洲国家那里找到具体例证，在这些地方，资本主义（作为主导的宇宙技术）推动的熵的生成既没有出路，[545] 也没有产生共振——它只是德斯寇拉意义上的自然主义的普遍化。生活在人类世中的每个人都面临着这一危险。转译的任务便是产生一种内部共振。我们寻求的"内部共振"是器与道这两个形而上学范畴的统一，且必须为这种统一赋予与我们的时代相适宜的意义和力量。我们无疑需要理解科学与技术从而转变它们，而在经历一个多世纪的"现代化"之后，无论是中国还是其他文明都已经到了该寻找新的实践形式的时候了。这时正是该放飞想象力，并聚合各种努力。本书的目的在于提出一种基于差异的翻译。只有凭借这种差异，和以物质形式确立它的能力和想象力，我们才能主张一种不同的世界史。

312

545　我所说的"熵的"与列维·施特劳斯在《忧郁的热带》中所说的"熵学（entropology）"有关。施特劳斯提出应把他研究的人类学更名为熵学，以强调由西方的扩张导致的各文化的解体："人类学最好改名为'熵学'，这个名字与该学科对这一解体过程的最高体现的研究相关。"列维·施特劳斯，《忧郁的热带》，J. 韦特曼（J. Weightman）、D. 韦特曼（D. Weightman）译（New York: Penguin Books, 1992），第414页。斯蒂格勒也提到了这个词，他说人类世是"熵世，因为它不停地导致傲慢（hubris）"，见B.斯蒂格勒，《在破坏性创新之中：如何不发疯》（*Dans la disruption: comment ne pas devenir fou*）（Paris: Editions les Liens qui Libèrent, 2016）；而杰森·穆尔（Jason W. Moore）称人类世为"资本世"，因为它在根本上是资本主义世界生态的一个阶段，J. 穆尔，《生命网中的资本主义》。

专名索引

（页码为本书的边码）

主题索引

（页码为本书的边码）

责任编辑　倪上胜
装帧设计　李　文
责任校对　杨轩飞
责任印制　娄贤杰

图书在版编目（ＣＩＰ）数据

　论中国的技术问题：宇宙技术初论 / 许煜著；卢
睿洋, 苏子滢译. —— 杭州：中国美术学院出版社,
2021.7 (2022.12重印)
　ISBN 978-7-5503-1721-5

　Ⅰ.①论… Ⅱ.①许… ②卢… ③苏… Ⅲ.①技术哲
学 – 研究 Ⅳ.①N02

中国版本图书馆CIP数据核字(2020)第016409号

论中国的技术问题——宇宙技术初论
The Question Concerning Technology in China
An Essay in Cosmotechnics

许　煜　著　　卢睿洋　苏子滢　译

出 品 人　祝平凡
出版发行　中国美术学院出版社
网　　址　http://www.caapress.com
地　　址　中国·杭州南山路218号 邮政编码　310002
经　　销　全国新华书店
印　　刷　浙江省邮电印刷股份有限公司
版　　次　2021年7月第1版
印　　次　2022年12月第3次印刷
开　　本　889mm×1194mm 1 / 32
印　　张　9.875
字　　数　210千
印　　数　2001–4000
书　　号　ISBN 978-7-5503-1721-5
定　　价　68.00元